ショーリングへの道

レジェンドたちのテクニック

── 座談会出席者・インタビューゲスト・実技指導 ──

座談会　レジェンドたちが語る
ショーの意義とショーカウのコンディショニング

出席者｜**松島 喜一**さん / **松原 秀雄**さん
高橋 直人さん / **栗城 一憲**さん

司　会｜**高橋 邦博**さん

インタビュー　ショーの魅力と出品牛

ゲスト｜**山内　誠**さん / **吉田 智貴**さん
佐藤 孝一さん / **渡辺 雄大**さん

リーディングの実際

実技指導｜**福屋 茂生**さん

毛刈りのポイント

実技指導｜**編田 尚弘**さん

デーリィマン社

発刊に当たって

近年､各地のホルスタインショー（共進会）の会場で高校生を含めた多くの若い人たちの姿を見ることができます。彼ら、彼女たちはショースタッフの一員として実に生き生きと行動しています。中でも女性の進出は目覚ましく､ショーリングでは､臆することなく堂々と牛を引いているのです。一部の限られた人たちによる「特別な牛」が出品されがちだった時代を知る世代にとっては隔世の感すら覚えます。

昭和50年代、酪農家がこぞってショーに参加し､「酪農家、皆、ブリーダー」とまでいわれ、ショーは隆盛を極めました。北海道では市町村あるいは支庁単位を越えた広域ショーが、都府県では県域を越えた連合共進会が次々と誕生したのもこのころです。

しかし、酪農不況の到来とともに一部行政の介入もあって広域ショーは整理され、同時に酪農家のショー離れが急速に進みました。

ところが今、冒頭に記したように次代を担う若者たちを中心にショーは再燃の兆しを見せているのです。

大きな転機を2015年に北海道で開かれた第14回全日本ホルスタイン共進会（14回全共）に見いだすことができるでしょう。

14回全共では幾つかの新たな試みが実施されました。その1つであり、大会の大きな柱に位置付けられたのが酪農後継者の育成奨励です。

出品に当たっては都道府県のホルスタイン種の一般枠に出品しない高等学校から1校1頭、計20頭の高等学校特別枠が新設されました。結果、高等学校からの出品は一般枠を含み18道府県、26校から32頭を数え、しかも優等賞に3頭が入賞したほか、1等賞には13頭と入賞を果たしました。また大会期間中、後継者プログラムが実施されました。このうちジャッジング･スクールに246人(高校生225)、リードマン・スクール238人（同217)、毛刈り講習会227人（同218)、高校生交流パーティーに137人もの参加をみたのです。

主に高校生を対象にしたこれらの取り組みは大学・大学校生、牧場後継者たちにとっても大いに刺激となったと思われます。

若い人たちに門戸を開放した14回全共の試みは途絶えることなく今日、各地のショーに受け継がれています。特に府県のショーではクラス・チャンピオン戦のみならずグランド・チャンピオン戦の常連に名を連ねる高等学校が散見されるほどです。背景にはショーの教育効果を認める学校関係者の存在も見逃せません。さらに全国規模など大きなショーでは付帯行事としてリードマン・コンテストや毛刈り講習会を行うなど、酪農後継者育成を目的に地道な取り組みが続いています。

若い人たちがこれらに積極的に参加し将来、酪農経営者として、あるいはサポート組織の一員として、さらには酪農産業の理解者、応援者として成長されることが期待されます。

☆　☆　☆　☆

ショーの審査における乳牛の評価にも変化の兆しが見えてきました。現在の乳牛改良は国際的な調和と統一を図りつつ進められています。ホルスタイン種（雌牛）の審査では、世界ホルスタインフリージアン連盟が昨今のホルスタイン飼養が直面する課題を反映し、生産寿命と生涯生産性を高める方向を示しました。わが国ではこの勧告に基づき2007年、乳器や肢蹄などを重視したホルスタイン種雌牛の審査標準に改定されました。それまでの外貌15点、肢蹄15点、乳用牛の特質20点、体積10点、乳器40点の5大区分が体貌と骨格25点、乳用強健性15点、肢蹄20点、乳器40点の4大区分に変更されたのです。

北米ではこれに関連した動きがあります。

アメリカではアメリカホルスタイン協会のナショナル・ジャッジ（国内トップレベルの審査員）の会議（2018年）でサイズ（高さ）について「十分な高さがあればいい」「巨大な牛は要らない」との統一見解が示されました。サイズ以上に骨格と機能的肢蹄の正確さ、乳用強健性を重視すべきということです。

カナダの会議（同）ではボディーコンディションについての議論があったといわれます。これまでオーバーコンディション（過肥）を否定するあまり痩せた体、体躯（たいく）の細い牛をピックアップする傾向について検討した結果、ある程度肉が乗った状態でも許容する方向になりつつあるとのことです。繁殖に関するトラブルがあまりにも多いことが背景にあるといわれます（痩せ過ぎの牛を受胎させるのは大変困難）。

さらにアメリカでは動物福祉の観点から乳房の張らし過ぎに関しても議論されています。乳房間溝が見えなくなるほど乳房を過度に張らす是非について調査を続けるとのことですが、乳房が完全に張っていなくとも許容する方向に進みそうです。

ナショナル・ジャッジの会議はホルスタインショーの今後の方向を定めるのに影響力を持つといわれます。そこで示された北米のホルスタインショーの審査方向は日本のそれに少なからず影響を与えるに違いありません。

わが国のショーは北米と同様の道を歩んできたといえるでしょう。かつては「大きいことはいいことだ」と、大型牛が高い評価を得ました。しかし、大型牛は飼料効率が必ずしも高くはないなどの理由から敬遠され、次に乳用牛の特質が重要視される時代に移りました。「肉が乗った牛は乳牛ではない」と、いわゆるデーリィな「枯れた牛」が評価され、ショーカウが極めて特別な牛となっていきました。ショーカウと「牛舎の牛」の距離が広がり、これが酪農家のショー離れを助長した一因と思えるほどです。

しかし今、ショーカウ、牛舎の牛に共通して生産寿命と生涯生産性が求められる時代を迎え、両者の距離が縮まりつつあると思えるのです。

2020年には第15回全共が宮崎県都城市で開かれます。どのような牛がどう評価されるか、また若いショーマンたちがどのようにパフォーマンスを発揮するのか興味は尽きません。

☆　☆　☆　☆

本書は前段に触れたホルスタインショーにおける内外動向を踏まえ編集・制作しました。牛の毛刈りやリーディングはもちろんのこと、ショーに臨むに当たって最も重要とされるショーカウのコンディションづくりに力点を置き、これまで実績を上げてきた先輩諸氏の生の声を反映しました。

これからショー活動を志す、あるいは活動途上にある若い皆さんが本書を手に取り、これからの活動の一助となることを願っています。

最後に本書の制作に当たって協力をいただいた(一社)家畜改良事業団、(一社)日本ホルスタイン登録協会、北海道ホルスタイン農業協同組合、㈱十勝畜産貿易、㈻八紘学園に感謝申し上げます。

2019年9月
「ショーリングへの道」編集委員会

ショーリングへの道
レジェンドたちのテクニック

【目次】

子どもたちから見える酪農の明日への希望
大人が真剣に取り組む姿を見せる

Cow Cauca 代表　髙橋　茂

ショー（共進会）は「乳牛の改良」「酪農家や学生、地域の人々の交流・情報交換」「牛を通して生命の尊さを学ぶ場」という面を持ちます。後継者不足が問題となっている昨今、将来のショーの在り方を考えます。

◆若人が酪農産業に進む登竜門

かつて大学農場の肉牛実習を担当していたころ、実習後、学生にどの作業が一番楽しかったかを聞いた。すると「自分で放牧地から牛を捕まえて牛舎に連れ戻す作業です」という返答が圧倒的に多かった。もともと肉牛には鼻環が付いているので牛を捕まえるのは簡単だが、何せ大学に入学したばかりの１年生。ほとんどが牛を間近に見るのも触るのも初めてという学生ばかりだ。それでも、恐る恐る牛に近づきロープを鼻環に通して牛舎まで連れてくる100㍍、牛の前に立って牛を引いて歩くのは恐怖心と緊張感で完全に固まっている。しかし、学生の顔には自分一人の力で牛を引いているのだという喜びが満ちあふれていた。この作業を通して初めてこの大学に入学したんだと実感する学生も多いそうだ。牛との触れ合いを通して牛のぬくもりを感ずるこの瞬間は、共進会入門の第一歩である。

ここで共進会の意義について改めて言及するならば、次の３点に絞られる。

①泌乳能力と体型の関連性はさほど高くはないが、体型は管理形質や作業効率という点において大変重要である。特に乳器や肢蹄、尻の角度は、搾乳作業や歩行、寝起き動作、そして繁殖効率を高めるだけでなく機能性や長命性に直結する大事な部位である。共進会ではそれらの部位を重視して序列付けをするので乳牛改良にとって大変意義深い。

②多くの人と牛が集まる共進会はいろいろな情報交換の場となる。また、牛飼い仲間の交流と親睦を図る効果も大きい。生徒や学生にとっては地域の人との関わりの中から学校では学べない社会性を習得する絶好の機会でもある。また、多くの経験豊かな酪農家からそれぞれの牛飼い哲学を学ぶ良い勉強にもなる。

③共進会は牛を通して生命の尊さと慈しみ、感謝の気持ちを共有する場である。冒頭、放牧地から牛を連れてくる学生の姿を紹介したが、筆者は実習を通して日増しに牛が好きになり、共進会が楽しくなっていくという学生を大勢見ている。私も若いときそうであったが、ショーリングで牛を引き審査員から指を差された時の興奮は今でも忘れられない。あの感触を多くの若者に体験してほしい。そんな意味で共進会という催しは若い人たちがこの酪農業界に進んでいく登竜門に等しい。

◆「見る」「見せる」の連続
—出品者、審査員の在り方

ところで、改めて共進会の魅力とは一体何だろうと考えてみる。

その昔、ある農家へ牛を見に行ったとき、目の覚めるような牛に出会った。共進会へ出品するようご主人に促すと「俺はもう共進会をやめたんだ」と言う。さらに勧めたらそばにいた奥さんから「高橋さん、うちの人はようやく共進会をやめたんだから寝た子を起こすようなこと言わないで」と一喝された。しかし、共進会は魔物で一度はまるとやめられない魅力がある。その農家も間もなく共進会を再開したが、今でもその奥様の顔を忘れることができない。

やはり、共進会は不思議な魅力を持っている。そもそも共進会は「見る」「見せる」の連続だと思う。「見る」は審査員と観客、「見せる」は出品者。審査員と観客はこの共進会にどんな牛が出品されるかわくわくして待っている。「見せる」は出品者が出品牛を最高の状態で仕上げ審査員へ猛烈にアピールをして勝負を懸ける。

審査員は人さまの財産を評価する重い責任がある。常に審査標準に基づいた審査を心掛け、的確な講評用語を使って一貫性のある納得のいく審査をしなければならない。また、大きさだけが絶対優位ではないので、小さな牛でも骨格が鮮明で体躯（たいく）がしっかりしていれば勇気を持って上位にする思い切った審査をしてほしいものだ。

◆存続のカギは将来担う子どもたち

最後に将来の共進会の在り方について考えてみたい。

近年、酪農家戸数の減少と後継者不足が影響してか共進会への出品頭数が減少する傾向にある。しかし、若い後継者の多い地域は従来通り盛大に行われている。共進会出品のための毛刈りや調教、管理も人手がないとできない。逆に手間を掛けないと牛は良くならないのも事実。ここにジレンマが生じてくる。やはり、これを解決するには若者を巻き込んだ改良同志会活動などで補完することも一策だ。また、応援隊として学生などにも一役買ってもらうことも有効と考える。これは学生にとってもいろいろな農家の牛を見せていただいて学ぶ機会が増える。一方、SNS（会員制交流サイト）などで共進会開催を呼び掛け、両親同伴で子どもたちを招待し、子牛を引いてもらう企画や高校生までのリードマンには、素敵なTシャツを無償で着用してもらって一目でジュニアと分かるようにすればさらに応援に熱が入るのではないだろうか。

将来、共進会が存続するかしないかは全て将来を担う子どもたちにかかっている。その子どもたちに大人が何をしてあげられるか。それにはまず、大人が真剣に牛を引く姿を見せることから始まるのではないだろうか。

ショーリングでは子どもたちが多くの視線を浴びて、きらきらしたまなざしで一生懸命、牛を引いている。その姿から明日の酪農への確かな希望が見えてくる。

プロフィル

たかはし　しげる

1948年生まれ、山形県出身。71年酪農学園大学を卒業し同大学助手。カナダでの牧場研修を経て74年㈳家畜改良事業団入り。岡山種雄牛センター次長、北海道事業所所長、北海道種雄牛センター場長などを歴任し、2009年酪農学園大学教授、17年３月同大学を退職。現在、Cow Cauca代表。17年第49回宇都宮賞受賞（酪農指導の部）

ショーカウの衛生・健康管理

最も重要なルーメンコンディションの維持
皮膚病対策では頭絡の使い回しを避ける

キャトル・リサーチ・センター代表 **小岩　政照**

酪農の発展と生産性向上にとって、乳牛の育種改良が重要であり、改良なくして酪農の発展はないと言っても過言ではありません。乳牛が持っている遺伝的な泌乳能力を最大限に発揮させるためには、特に機能的な体型の改良が必須です。ショー（共進会）は、乳牛の育種改良と健康管理を含めた総合的な酪農技術力を競う場であり、最新の酪農技術の交流と情報を得る場でもあります。

酪農家で生産されたショーカウを最良なコンデションで出品するためには、ショーに向けて日ごろからのコンデションづくりが必要です。ここでは、ショーカウの衛生・健康管理（表）について解説します。

◆分娩時の管理

乳熱

病態：乳熱は、分娩直後の泌乳開始に伴う乳房内への急激なカルシウムの流出量に、消化管（十二指腸）からのカルシウム吸収量が対応できずに生じる低カルシウム血症が原因である。乳熱は乳牛の年齢が高くなるのに伴って増加するが、これは年齢の増加に伴う消化管からのカルシウム吸収能力の低下が主因である。

乳熱のほとんどは、カルシウム剤を主体とした治療で治癒するが、2日以内に治癒しない例の多くは、筋肉の損傷や断裂、靭帯（じんたい）損傷、脱臼を継発して予後不良になる例が多い。経産ショーカウは大型で廃用のリスクが高いので、乳熱に対する最良の予防処置を行うことが大切である。

予防対策：分娩時における乳熱の予防対策としては、カルシウムサプリメントの経口投

表　ショーカウの健康管理

	予防疾病	原因・要因	治療・予防法
分娩時	・乳熱 ・乳房浮腫 ・産褥性子宮炎	低カルシウム血症 乳房内の循環障害 細菌の子宮内感染	カルシウム製剤、ビタミンD剤の投与 ステロイド投与 抗生物質の子宮内投与
分娩後	・ルーメンアシドーシス	飼料急変・増飼料	健胃剤、重曹末の投与、ベントナイトの飼料添加
ショー準備期間	・趾皮膚炎（DD） ・皮膚病 ・乳房炎 ・洗剤性皮膚炎	蹄皮の感染症 牛体洗浄による皮膚抵抗低下 接触感染 牛体洗浄による乳頭孔汚染 洗剤刺激，皮膚抵抗低下	抗生物質塗布、蹄浴・蹄消毒 牛体洗浄後の牛体清拭 独房管理 牛体洗浄後の牛体清拭、ディッピング 牛体洗浄後の牛体清拭
ショー当日	・ルーメンアシドーシス（第一胃食滞）	飼料急変・増飼料	健胃剤、重曹末の投与、ベントナイトの飼料添加
ショー後	・趾皮膚炎（DD）	蹄皮の感染症	蹄の洗浄・消毒

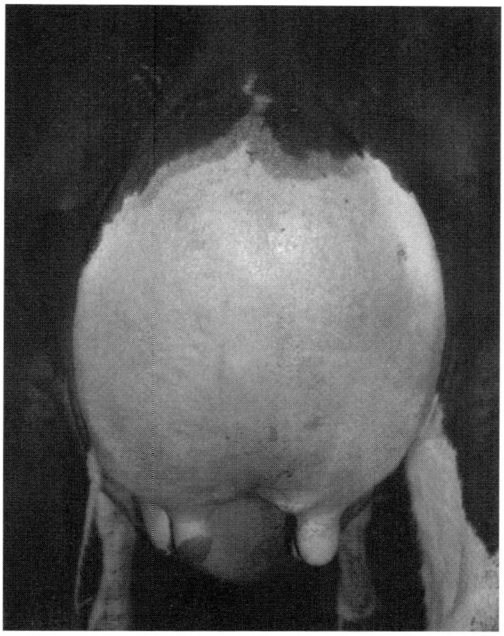

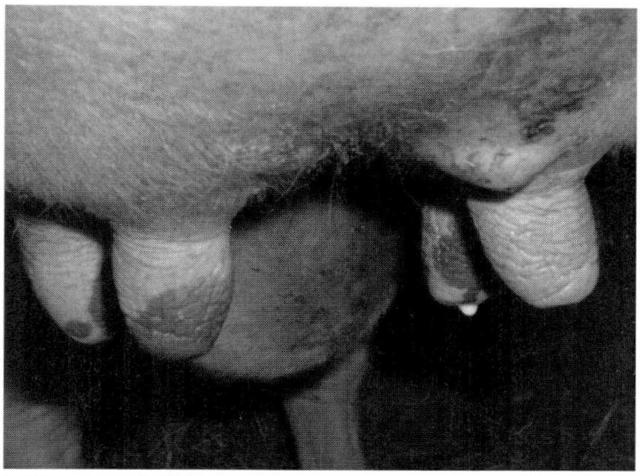

写真１　乳房浮腫
（左）治癒前
（右）治癒後

与、カルシウム製剤の静脈・皮下注射、ビタミンD投与がある。３産次以降の経産ショーカウは、分娩時の血清カルシウム濃度が８mg／dℓ以下であり、カルシウムサプリメントを経口投与しても十二指腸から吸収されないので、カルシウム製剤（25％カルシウム製剤500mℓ）の静脈注射と活性型ビタミン剤（100g）の経口投与が有効である。分娩後５日間は体温測定と食欲に留意し、体温38.5℃以下の潜在性低カルシウム血症（血清カルシウム濃度8.5mg／dℓ以下）に対して、低カルシウム血症の改善と子宮回復の目的で、カルシウムサプリメントの経口投与とカルシウム製剤の静脈注射が必要である。

乳房浮腫

病態：乳房浮腫は乳房内における血液の循環障害であり、乳房血液の浸透圧の減少、毛細血管の血圧上昇、リンパ液の排せつ障害がその原因である。乳房浮腫は分娩後に漸次軽減するが、乳腺と乳房靭帯（じんたい）に大きなダメージを与えて乳房形状の悪化と泌乳生産の低下、乳房炎のリスクを増加させるので、分娩後の早期に浮腫を積極的に軽減させることが重要である。特に初産牛は乳房の血液循環が未発達なので乳房浮腫の発生率も高く重度である。初産牛で発生する乳房浮腫のほとんどは、乳頭浮腫も併発しており、搾乳性からも早期の処置が必要である。

治療：積極的な治療としては、副腎皮質ホルモン剤の投与が有益であり、抗生物質との併用投与が安全な方法である。具体的な方法としては、分娩後第１日：プレドニゾロン（重症例 デキサメサゾン）10mℓ ＋ ペニシリン300万、第２～３日：プレドニゾロン（重症例 デキサメサゾン）５mℓ＋ ペニシリン300万を筋肉内投与する（**写真１**）。

産褥（さんじょく）性子宮炎

病態：難産や胎盤停滞した乳牛は、子宮内の細菌感染による悪露（おろ）貯留が生じ、エンドトキシン（菌体内毒素）が産生されて肝臓機能障害を誘発し、ケトーシスや脂肪肝、第四胃変位のリスクが増加する（次ページ**写真２**）。また、正常分娩した約60％の乳牛においても、病原性細菌の子宮感染が確認されており、正常分娩牛においても本症を発病する可能性がある。

予防：潜在性低カルシウム血症の対策を行

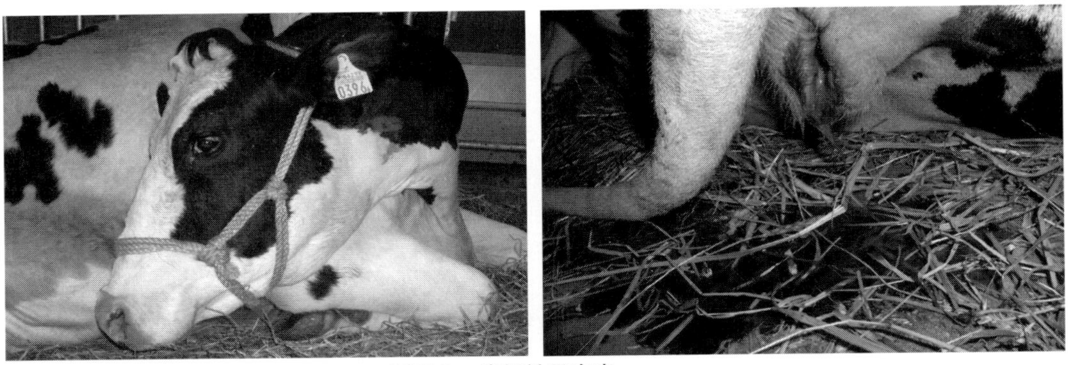

写真２　産褥性子宮炎

うと同時に、胎盤排せつ後１日以内に抗生物質（OTC 1g）を子宮内に用手投与する。

◆分娩後の管理

ルーメンアシドーシス

病態：近年、飛躍的な育種改良によって乳牛の泌乳量が増加しており、それに伴って産褥病（乳熱、胎盤停滞、ケトーシス、第四胃変位）が増加する傾向にある。ケトーシスと第四胃変位の主な要因は、乳生産の増加に即応した濃厚飼料の給与割合の増加に伴う第一胃アシドーシス（ruminal acidosis：RA）であるといわれている。RAは、乳酸や揮発性脂肪酸（volatile fatty acid：VFA）が第一胃内に蓄積して第一胃液のpHが低下する状態（**写真３**）であり、明らかな臨床症状を示さず、第一胃液pHが反復的に低下する病態が亜急性第一胃アシドーシス（SARA：Sub-Acute-Rumen-Acidosis）である。

ショーカウでは、第一胃容積の増加を目的とした飼料の変更や増飼に伴うSARAや第一胃食滞の発生のリスクが高い。

予防：分娩後における本症の予防対策としては、飼料の急変を避けると同時に、健胃剤や重曹末が投与されている。近年、SARAの予防対策として、ベントナイト（ダブルボンド：DB）の0.4％添加の有効性が確認されている。ショーカウに対しては、ルーメンコンディションの健康維持の目的で、ショーの10日以前からベントナイトなどのサプリメントの飼料添加を行うべきである。最良な状態でショーに出品するためには、ルーメンコン

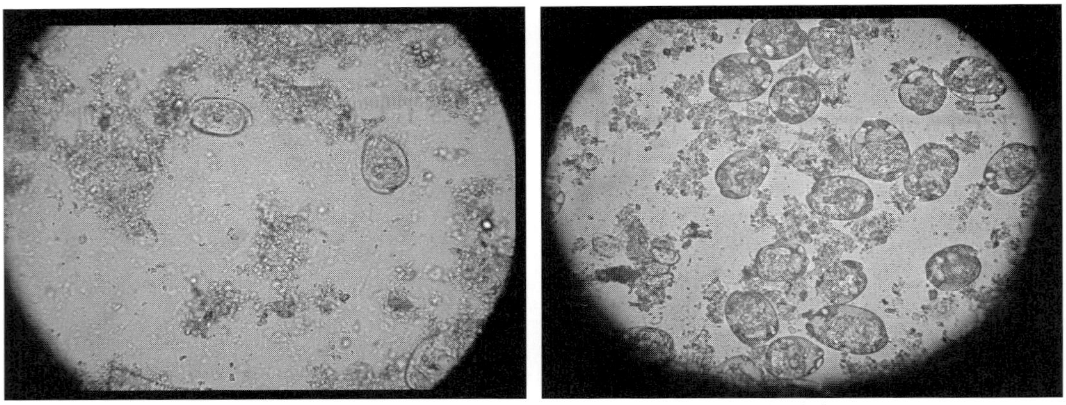

ルーメンアシドーシス　　健康牛

写真３　第一胃液内の原虫

ディションの健康維持が最も重要である。

◆ショー準備期間の管理

趾（し）皮膚炎
（Digital Dermatitis：DD）

病態：DDは、トレポネーマ細菌感染による趾皮膚に生じる感染率の高い皮膚炎であり（**写真４**）、著しい跛行（はこう）を示す。本症は蹄皮膚の疼痛（とうつう）を示すことから、ショーリング内で歩様異常を示すので、ショー当日までに、完治させておかなければならない。

治療・予防：治療は抗生物質（オキシテトラサイクリン：OTC、リンコマイシン）の塗布が有効である。予防としては、薬剤の蹄浴や後蹄皮膚へ噴霧、通路への石灰散布が有効とされている。

皮膚真菌症

病態：本症は白癬（はくせん）菌（トリコフィートン：Trichophyton verrucosum）が皮膚表層に感染して円形脱毛し、かゆみを伴う伝染力の高い皮膚病である（**写真５**）。本症は若齢牛に好発し、一度感染すると抵抗力を持つ。成乳牛での発生はまれである。本症は、罹患（りかん）例との接触や微細な皮膚損傷部位からの感染によって増殖する。

ショーカウにおける発生は、牛体洗浄による皮膚の抵抗性の低下や、頭絡の使い回しが要因となる例が多い。

治療・予防：治療は、抗真菌剤（グルセオフルビン）、ナナフロシン（ナナオマイシン）の塗布、漢方薬の散布が行われている。ショーカウに対しては、ブラシと頭絡の使い回しを避け、個体房で管理することが望ましい。

パピローマ（乳頭腫）

病態：本症は牛パピローマウイルスの感染による皮膚疾患であり、罹患例との接触によって感染する。

治療・予防：抗体産生によって自然治癒するが、ヨクイニンの経口投与や薬剤塗布、自家ワクチンなどが行われている。簡易的な治療として、鎮静下でペンチやプライヤーを用いて基部から摘出することを推奨する（畜主でも容易に行える）。

デルマトフィルス症

病態：本症は放線菌（デルマトフィルス）の感染による浸出性の膨隆結節（膿疱＝のうほう）を形成する皮膚病である。多湿が要因であり、牛体洗浄して皮膚抵抗性が低下するショーカウで好発する（次ページ**写真６**）。

治療・予防：治療は抗生物質（ペニシリン、アンピシリン）が有効であり、ショーカウでは牛体洗浄後の清拭（せいしき：水分の拭き取り）と乾燥を励行すべきである。

乳房炎

要因：ショーカウでは、牛体洗浄に伴う乳

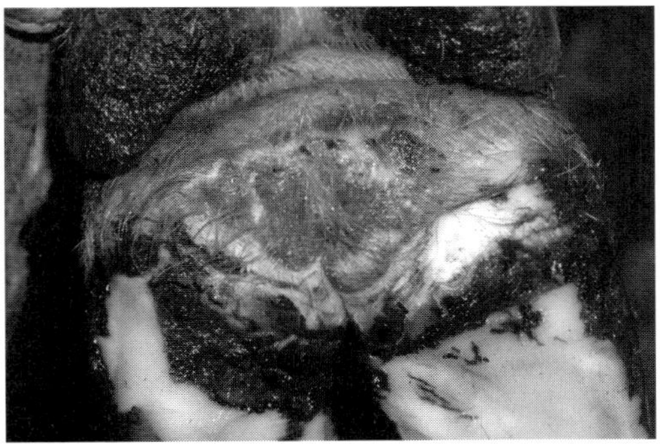

写真４　趾皮膚炎（DD）

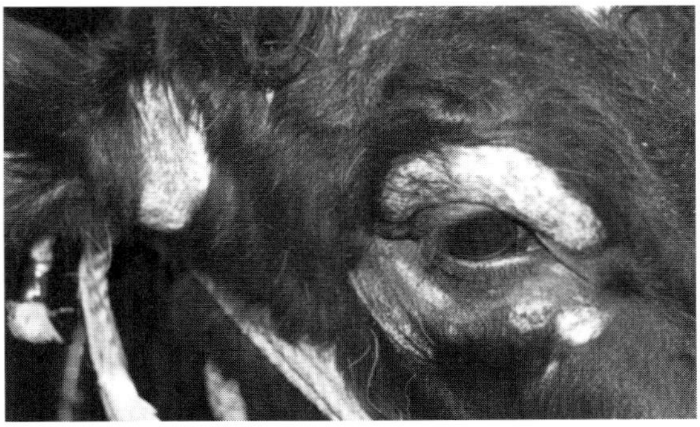

写真５　皮膚真菌症

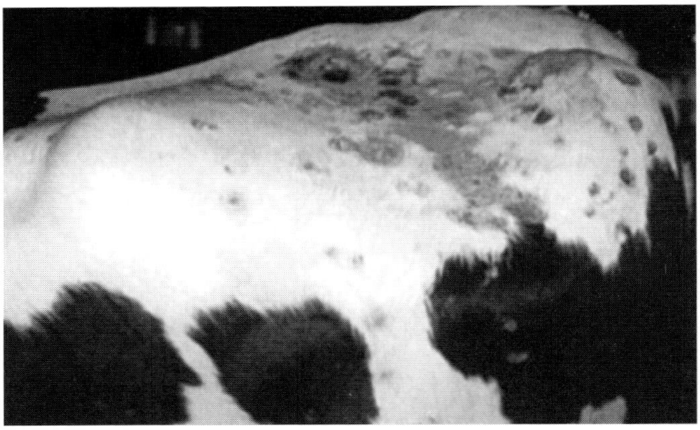

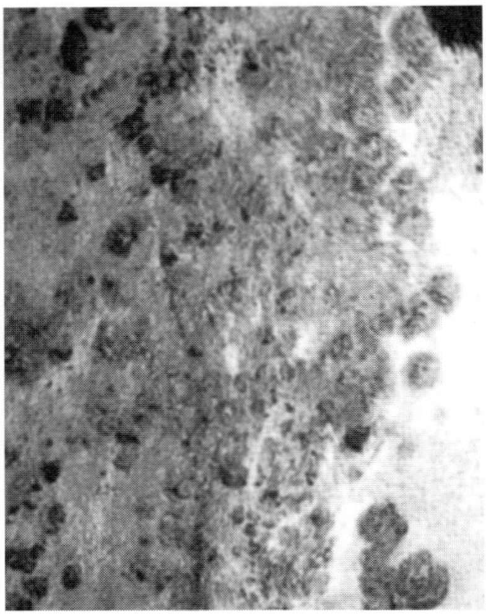

写真６　デルマトフィルス症

頭孔における汚い洗浄液の付着が大きな要因である。また、牛体洗浄に使用するゴムホース内のカビや藻類も乳房炎（真菌性、プロトセカ）の要因となる。

治療：異常に気付いたら、直ちに獣医師に診察を依頼すべきである。

予防：牛体の洗浄後における、牛体の清拭と乳頭の拭き取りとディッピングの励行が大切である。

洗剤性皮膚炎（かぶれ）

要因：牛体洗浄に使用する洗剤と牛体洗浄に伴う皮膚抵抗性の低下によって、頭絡部や下顎部位に発生する。

治療・予防：治療は、抗生物質と副腎皮質ホルモンを加えた真菌用軟こうを患部に毎日塗布する。予防は、牛体洗浄後に洗剤を完全に洗い流し、牛体の清拭を行い、頭絡の使い回しを避ける。

◆ショー当日の管理

ルーメンアシドーシス（前述）に注意する。

◆ショー後の管理

趾皮膚炎（DD）

予防：DDの持ち込みを予防する目的で、輸送車から出品牛を降ろす際に高圧洗車機などを用いて蹄の洗浄を行ってから牛舎内へ移動すべきである。

プロフィル

こいわ　まさてる

1952年生まれ、北海道上川管内中川町出身。75年酪農学園大学を卒業し同大学獣医学科助手。80年千歳市農業共済組合診療課長、93年石狩地区農業共済組合江別診療所長、北部統括所長を経て95年酪農学園大学附属家畜病院助教授、99年教授、2004年獣医学部教授、13年同附属農場長、14年同フィールド教育研究センター副センター長を歴任し18年同大学を退職。現在、キャトル・リサーチ・センター代表。18年第50回宇都宮賞受賞（酪農指導の部）

東
HOKKAIDO
HOLSTEIN
NATIONAL
SHOW

座談会　レジェンドたちが語るショーの意義と
ショーカウのコンディショニング

輸送前にベストの状態をつくれるかに尽きる

期待される仲間づくりと後継者育成の役割

これまでのショーで数々の実績を上げてきたレジェンドたちにショーへの取り組みを通してショーの価値とショーカウのコンディショニングを語ってもらいました。

出席者（発言順）

松島　喜一さん
熊本県合志市／㈱松島牧場代表

松原　秀雄さん
北海道上川郡清水町／㈲田中牧場取締役

高橋　直人さん
静岡県静岡市／
ストレートマンキャトルケアサービス

栗城　一憲さん
北海道天塩郡豊富町／酪農家

【司会】高橋　邦博さん
元北海道ホルスタイン農業協同組合企画部長

３つのコンセプトの下で行われている

司会　乳牛の共進会（ショー）は市町村単位から都道府県、複数の県による連合、さらに出品フリーの全国規模などがあり、全日本ホルスタイン共進会（全共）はそれらの頂点と位置付けられよう。2020年には宮崎県の都城地域家畜市場で第15回全共九州・沖縄ブロック大会が開催される。ショーは乳牛が健康で長持ちするために必要な体型の改良度合いを比較展示することが最大の目的だが、その他に３つの大きなコンセプトの下で行われていると思う。第１は出品者同士あるいは資材関係を含めた関係者との交流を通した情報の収集・交換、第２は酪農後継者の育成、第３は消費者の酪農への理解醸成を含めた牛乳・乳製品の消費拡大。これら３つのコンセプトを進めるためにショーの裾野を何とか広げていきたい。

座談会では、ショーで数々の実績を上げられたレ

ジェンドの皆さんに集まってもらい、ショーへの思いから出品牛のコンディションづくりまでを話してもらい、特にショーに取り組み出した人たち、これから取り掛かろうとする人たちにアドバイスを送っていただきたい。ショーに参加するに当たってはそれぞれターニングポイントがあったと思う。

自分が体験した楽しさを若い人たちに伝えたい

松島　酪農は父が始めたが、ショーは道楽――が父の考えだった。私は高校を卒業して酪農学園大学へ進んだことで学生時代を北海道で過ごした。北海道各地で開かれるショーや有名牧場を見学するうちに、自分もいつかはショーで牛を引きたいと思いつつ実家に戻った。早速、地元の改良同志会に入りショーに参加した。とはいえ冒頭で触れたようにショーに対しては父が厳しく、わが家の牛を出品できない時期もあった。仲間の手伝いをして反省会に出席しても出品者となかなか対等には話せない。たとえ成績は良くなくても出品さえしていれば本当の意味でみんなと話ができると考え、ショー活動を続けてきた。

もちろん上位になりたいが、第１の目的はやはり仲間づくり。ショーを通して得た仲間たちと語らうのが楽しかった。最近は、自分が体験してきた楽しさを若い人たちにいかに伝えていくかを考えるようになってきた。

いい牛が見られる、仲間に会える

松原　私が物心ついたころにはわが家では既に乳牛を飼っていた。酪農専業になったのは1965年ごろ。私は小学校１年の時から父（富雄さん）に連れられショーを見て歩いていた。兄（辰夫さん）が経営を継ぎ、私は高校を卒業してからの独身時代、家で手伝いをしていた。その後、家から離れて７年後の91年に実家に戻った。それからショーに本格的に参加したが、北海道レベルの大会ではどうしても勝てない時代が続いた。TMF ゴールド ダービス ウインで2007年の「北海道ホルスタインナショナルショウ」で未経産最高位賞を得たが、それまでは本当に長かった。

ショーでは勝ち負け以上にいい牛が見られるのと仲間に会えるのが楽しみ。そして自分がつくったいい牛をみんなに見てもらいたい！　という思いが強かった。

非農家出身の自分を酪農の道へ導いてくれた

高橋　私は非農家の出で子どもの頃は酪農の経験もなく、本日出席されている３人の酪

松島　喜一
まつしま　きいち

1961年、熊本県菊池郡合志町（現・合志市）生まれ。熊本県立菊池農業高校、酪農学園大学短期大学を卒業して実家で就農。2012年に80頭つなぎ牛舎を新築。総数150頭（経産牛95、未経産牛55）を飼養、年間総出荷乳量880トン、１頭当たり乳量9,800キロ。これまで自家産６代連続EXなど53頭のEX牛を生産。耕地延べ面積30ヘクタール（草地15、トウモロコシ畑15）。労働力は喜一さん夫妻と長男で後継者の太一さん夫妻に従業員１人の計５人。㈳日本ホルスタイン登録協会理事のほか熊本県酪農業協同組合連合会副会長、熊本酪農業協同組合長など熊本酪農のリーダーとして活躍している

農家の皆さんとは異質の経歴。ショーとの出会いは高校（静岡県立田方農業高校）時代にさかのぼる。中学生の頃は獣医師になりたかったが、普通高校から獣医大学を目指すより、農業高校に進み推薦で獣医大学を狙った方が良いと勧められたからだ。しかし、1年時に当番で担当した乳牛の管理にやりがいを感じ、2年から酪農専攻を選択した。

2年生になる前の春休み、1977年の「第2回中部日本B&Wショウ」(「セントラルジャパン・ホルスタインショウ」の前身）に出品する学校の未経産牛の管理を担当することになった。この牛が「中部日本B&Wショウ」でクラスチャンピオンとなった。これが私のショーとの初めての出会い。当時、都府県のショーリングを席巻していた人たちの牛を抑えてのチャンピオンだから感動もひとしお。さらに審査された桑島先生（元㈳日本ホルスタイン登録協会審査部長）から激励の手紙をいただいたことにも感激した。生涯忘れられない思い出だ。

卒業した79年、先のチャンピオン牛の第1子が「第4回中部日本B&Wショウ」でジュニア・チャンピオンに輝いた。田方農高はその後、静岡県や中部日本のショーリングで常勝軍団といわれるほどの活躍を続けた。

ショーは高校生が大人と同じ土俵で競い合えるのが魅力。チャンピオンともなれば、その快感は言葉では表せない。

私の場合、ショーを通して酪農産業に携わる道を見つけることができた。その意味では「中部日本B&Wショウ」が私を育ててくれた。また、国内実習した福屋牧場（北海道恵庭市）では、それまでの私という人間を変えてくれた。

今後は酪農外から酪農の道を選択する人たちが酪農界にとって大切な存在になってくる。ショーは酪農業界の人材育成という観点からなくてはならないと思う。現在、私が運営に関わっている「セントラルジャパン・ホルスタインショウ」でも農業高校のバックアップを得て後継者育成に重きを置いた取り組みを展開している。

「登録や審査、ショーが経営を良くする」を忘れずに

栗城　高校卒業後、乳牛全般について勉強しようと当時、旭川市にあった上川生産連家畜人工授精所（(一社) ジェネティクス北海道の前身）で実習した。ここでは乳牛の管理のほか北米の有名牛のペディグリーを学び、家畜

松原　秀雄

まつばら　ひでお

1958年、北海道上川郡清水町生まれ。
77年北海道清水高校酪農学科を卒業し実家（田中牧場）で就農。84年に結婚し松原姓を名乗り、実家を離れる。91年に妻と長男とともに実家に戻り、田中牧場の経営に参加。97年兄の辰雄さんを代表取締役に㈲田中牧場を設立、牧場を法人化し取締役に就任。総数330頭（経産牛200、未経産牛130）を飼養。耕地は借地10ヘクタールを含み70ヘクタール（牧草40、トウモロコシ畑30)。年間出荷乳量2,000トン、1頭当たり乳量1万キロ。第14回全共北海道大会の名誉賞牛TMF ナデイル アツト アンナ エコーはこれまでの「北海道ホルスタインナショナルショウ」でジュニア、インターミディエイト、シニア・チャンピオンとなり、「ナショナルショウ」初の3冠を達成。またTMFの冠名で知られる生産牛は全国のショーリングで活躍している。田中牧場は第50回（平成29年度）宇都宮賞を受賞

高橋　直人

たかはし　なおと

1960年、静岡県三島市の非農家に生まれる。
静岡県立田方農業高校卒業後、北海道恵庭市の福屋脩三牧場で２年半実習し渡米。ウィスコンシン州のサニーサイド牧場で３年実習する。同牧場での実習期間中、後半の１年はパインハースト牧場のショークルーの一員としても働く。84年帰国し、静岡県伊豆の国市の大美伊豆牧場ハードマネジャー。90年、30歳で独立しストレートマンキャトルケアサービスを開業。受精卵移植から酪農ヘルパー、ショーのフィッター、リードマンに至る酪農に関する総合コンサルタントを担う。当初は沼津市、伊豆の国市、田方郡函南町の10戸の牧場と契約してスタート。現在は１都６県の28牧場と契約している。また静岡県内のTMRセンター設立にも尽力、現在、４つのTMRセンターと契約し、運営に関与している。静岡県乳牛改良同志会会長

人工授精師の資格も取得した。

授精所で乳牛改良は経営を豊かにすると教わり、実家に戻ってから牛群改良を進めることにした。まず全頭ホ種系だった牛群を当時のホ種系牛登録制度により２代本登録とすることから始めた。また牛群レベルを客観的に判断しようと体型審査を受けた。ショーに出品したい気持ちも強まっていった。父（隆助さん）からは「登録や審査、ショーが経営を良くするのか」と聞かれ、「牛は丈夫になり、乳もよく出るようになる」と説得し、もうかる改良、もうかるショーを目指した。

わが家で最初のEX牛（92点）となったエツセンス デイライト マリアで全道共進会初出品を果たし以後、全道共進会に毎年出品することを目標にしてきた。全道共進会は人間としても体力的にもタフなすごい人たちの集まりだなと感じたのが第一印象だった。

これまで牛飼いとしてよく努力したなと自分ながら思うときがある。貧しかったから牛飼いに集中できたのであり、そうでなかったら他方面にも興味を持ってしまい、これまでの結果は出せなかったかもしれない。

悔しさをバネに結果を出した全共

司会　来年は全共の年だが、これまでの全共の印象や思い出は。

松島　90年の第９回大会は地元熊本県での開催ながら出品を果たせず悔しい思いをした。それが発奮材料となり以降、10回（95年、千葉県）、11回（2000年、岡山県）、12回（05年、栃木県）、14回（15年、北海道）と４回連続して出品することができた。この中で１番思い出深いのが千葉県大会。キーメーヤース ブローカーを第４部に出品し、１等賞７席に入賞した。この牛がわが家で６代連続EX牛の始まりとなった。

松原　父が第５回全共（1970年、愛知県）に出品、未経産牛（第４部）で優等賞３席に入賞している（エー ビー シー インペリアル テキサル）。

私が出品できたのは、それからずっと後の第11回岡山県大会からで、12回の栃木県大会、14回の北海道大会と３回連続して出品することができた。初出場した岡山県大会では未経産牛の第４部に出品（TM フアーム ルドルフ アンナ エコー）、優等賞を得たものの悔いも残った。今思うと私自身が浮足立っていたのだろう。

高橋　岡山県大会は北海道勢が総崩れした印象を強く持った。特に未経産牛では優等賞の６割を府県勢が占めたほど。精液の広域流

通、輸入精液の普及などが要因となり千葉県、岡山県大会あたりから府県勢が強くなってきた。

私が全共で出品牛に関わったのはアメリカ実習から戻って間もなく開催された第８回（85年）岩手県大会から。高橋定男さん（静岡県、現大美伊豆牧場）出品のハイブリッジ ポーテージ ロジユを手掛け、経産（第５部）で優等賞１席となった。このころから若い人たちみんなで出品牛を管理する機運が生まれ以後、チーム静岡として臨むようになった。第12回の栃木県大会でもうれしい思い出がある。野秋勝裕さん（静岡県）が経産の部（２歳ジュニアクラス）に出品したエクシード アイデアル ロイレーンが優等賞１席となったこと。しかも当時から圧倒的な強さを発揮していた田中牧場の牛を抑えての首席は私にとっても大きな喜びだった。

栗城　熊本県大会には前述のマリアに期待していたが北海道予選で敗れ、「そんなに甘いものじゃない」と思い知らされた。骨味のある質のいい牛だったが結局、フレームの強さに自己満足していた。ガツンと頭をたたかれたわけ。それからはもっと乳牛らしい牛づくりを目指すことを自分に課してきた。初出場となったのは岡山県大会。このときは勝ち負けよりもやるべきことをきちんとやろうとみんなで心掛けた。北海道の皆さんにいろいろ教えてもらい、収穫の多い大会となった。おかげでその後、栃木県大会、北海道大会と３回連続して出場できている。

衛生対策の徹底を特に注意したい皮膚病

司会　ここからはショーカウのコンディションづくりについて具体的に話し合っていこう。まずは衛生対策。それぞれのショーにおける衛生対策要領に基づき衛生管理を徹底し、出品牛の衛生検査と予防注射を適切に実施すること。

松原　皮膚病牛はショーには出品できないのでその対策も大切だ。皮膚病の発見には毛刈りが有効。毛刈りは牛をきれいにするのが目的だが、皮膚病発見という目的もある。寒い北海道では毎年、大体３月末からショーカウの洗浄、毛刈りを始めるが、その都度牛体を観察している。また原因によっては罹患（りかん）牛を群に入れて抗体をつくるのも１つの方法だろう。皮膚病はしばらく発生しないと油断しがち。冬の間に治療しておきたい。

高橋　未経産牛では下痢病対策も忘れてはいけない。都府県でショーに使う牛なら９月ごろまでをめどに対策を施しておきたい。なぜなら県共進会の開催が10月以降に始まるから。また次回全共の会期は10月末から11月初旬だから、その前にしっかり対策しておくといいのかな。

群飼いで食い負けしない競争力を高める

司会　フリーストール、フリーバーン、自動搾乳と牛舎の構造、飼養形態も変わってきた。ショーカウのコンディションづくりも従前とは変わっているようだ。

松原　未経産で前年からショーに出品している牛は別にして、今年はこの牛を使うと春先に決めた場合は６、７カ月齢まで群飼いし、その後は１頭ずつ独房で飼っている。経産牛は分娩時期にもよるが、大体３月から独房で飼うのが基本。

牛洗いは１日１回。でも特に期待の牛なら人間の方が、力が入ってしまい、ついつい１日に数回洗ってしまうこともある。

ショーカウで特に気を付けているのが蹄の管理。ショー開催の２週間前には必ず削蹄している。

松島　若齢牛は２、３頭の群飼い。その中からこれは！　と思う牛をピックアップして十分手を掛けてから再び群に戻す。注意したいのは人が手を掛けると牛は弱くなり、群の中で食い負けすること。そんなときは月齢の若い群に入れて「いばれる」環境に置いてやる。その後、２頭ほどを一緒にして独房で飼い、さらにショーが近くなったら１頭飼いにしている。

でも肉が付き過ぎると落とすのが大変。配合飼料の給与を断つ、運動させるなどいろいろ試しているがなかなかうまくいかない。難しいね。

高橋　ショーに取り組んで日が浅い人によくある例に、ベテランから「いい牛だから大切にしろよ」と言われた牛が次のショーでは「あれがあの時の牛？」と思えるほどオーバーコンディションになっていること。大切にすることとかわいがることを勘違いして手を掛け過ぎた結果だ。

牛体をややオーバーコンディション気味にしてショーの数カ月前から徐々に体を絞っていくのが普通だが、絞る時期に手を掛け過ぎてオーバーコンディションになってしまう。松島さんが言われた通り、一度肉が付き過ぎると落とすのは難しい。

ラウンダーがけは左右両方向でバランスを取る

司会　オーバーコンディション対策に関連して運動について。

松原　できるなら牛を放して土を踏ませてやりたいが、そうした環境にないのが日本の大半の牧場。従って日本ではラウンダー（強制歩行機）に頼らざるを得ない。ラウンダーの活用は調教より運動の意味合いが大きい。運動することで四肢がしっかりしてくるような気がするし、子牛のころから頭の位置を決めて歩かせていると姿勢も良くなってくる。

最低１回２時間、１日４時間ほどかけてやりたい。経産牛ならそれほどかけなくていいだろうし、かけ過ぎにも気を付けたい。

栗城　強制的に歩かせるのだから休みたくても休めず、かえってストレスがたまってしまう場合もある。

松原　一方向ばかりでなく、朝方は右回りにしたら夕方は左回りにするなど配慮するといいだろう。それが可能なラウンダーが販売されているし、逆回転できるスイッチを取り付けるのも１つの方法。

栗城　一方向ばかりだと外側の蹄ばかり減り、その肢の蹄尖（ていせん）が小さくなってしまう。わが家は独房がないから乾乳期を除き経産牛は常につながれた状態に置かれる。運動はラウンダーによるだけで、ショーが近づくと経産牛は１回につき１時間以内で

栗城　一憲
くりき　いちのり

1951年、北海道天塩郡豊富町生まれ。
北海道名寄農業高校卒業後、当時の上川生産連家畜人工授精所で１年の実習を経て実家で就農。60歳を機に経営を後継者の一貫さんに譲る。総数125頭（経産牛67、未経産牛58）を飼養。年間出荷乳量680トン、１頭当たり乳量１万500キロ。草地70ヘクタール。北海道ホルスタイン共進会では87年に準最高位賞（リザーブ・グランドチャンピオン）を獲得、以後、2004年グランドチャンピオン、07年、12年、13年とリザーブ・グランドチャンピオンに輝くなど上位入賞の常連として知られる。また第11回全共岡山大会、第12回同栃木大会へは母と娘で出品、両牛とも優等賞を獲得している。第39回（平成18年度）宇都宮賞受賞

2度ないし3日に1度程度ラウンダーにかけている。泌乳最盛期は蹄が軟らかくなるので、かけ過ぎに注意している。

独房がなくつなぎで飼うのが基本で、ないものねだりはできない。それがわが家の牛を飼う環境であり、つなぎ飼いで肢蹄にトラブルが起きる、体型が狂ってくるのは改良が足りない証し。わが家の基礎的飼養環境に耐えてくれる牛づくりを目指してきた。

司会　短い牛床なら牛が斜めに寝てしまうなどの問題があるだろう。

高橋　牛床の長さは牛のサイズにも関わってくる。

栗城　牛舎は72年に建てたが、牛が正しい姿勢で生活できるように牛床を180㌢と長めにした。当時の牛群の体長は126 ～ 130㌢。周囲から「そんなに長くして」と笑われもしたが、今考えると正解だった。とにかく限られた環境の中で牛にとって最高の居場所をつくってやりたい。

乳房はしこりを早く取り除き、試しに張らせ経過を記録する

司会　経産牛では乳房調整も大切。分娩前後の管理で気を付けていることは。

松原　分娩前は血液検査を受けてそれなりの予防措置を施す。ショーで使えそうな牛なら分娩後、乳房が締まってくるまで我慢して餌の給与量を控えめにし、泌乳量を抑える。反対に搾り込むとどうしても乳房が大きくなり過ぎてしまう。

栗城　そう。とにかく分娩後は早くしこりを取り除くこと。そして高水分の溶解性タンパク質の高いグラスサイレージなど、しこりやすい餌の給与を避けることだね。松原さんが言ったように分娩後はできるだけ我慢して乳房を軽くする。今の牛は遺伝的に改良が進んでいるから、焦らずにしこりを取り除いてからゆっくり搾っても1乳期トータルすると乳量に変わりはない。

特に分娩後1カ月以内に乳房炎を起こす、あるいは正中堤靭帯（じんたい）を伸ばしてしまうと回復させるのは難しいし、ショーで耐えられないケースも起こり得る。

松原　ショーの1カ月ほど前、乳房に乳をどのくらいためると乳房はどの程度張るのか、何時間でどのような乳房になるのか試してみるのは大事だ。

高橋　まず夕方に搾って翌日、時間ごとにどのくらい乳房が張るのか、張り具合を確かめるのも大切。その経過を「写メ」で撮り、後から確認していく。

輸送前に餌濃度を下げ長距離輸送は休憩場所を確保する

司会　いよいよ牛を家畜車に積んで会場を目指す。輸送について話を進めよう。

高橋　輸送は信頼のおけるドライバーに任せるに尽きる。

松原　今の家畜車は仕切りがあるから未経産牛なら大きな問題はないが、体が大きい経産牛では牛体が傷つかないよう尻合わせする、行く先々でこまめに除糞してくれる、信頼のおけるドライバーに頼むことだ。

司会　次回の全共は北海道や東日本の人たちにとってこれまでほとんど経験したことのない長距離輸送となる。

高橋　過去の熊本大会、北海道大会では静岡から現地までの中間地点で知り合いの牧場で下車させて、8時間ほど休ませてもらった。熊本大会では岡山、北海道大会では宮城でと、それだけでも随分楽になった。

松島　牛を会場に早く着かせたい半面、途中で休ませてやりたい。ところが今は昔と違い輸送規制が厳しく、例えば1日の運転時間が決まっており、夜通し走ることもできない。

北海道大会の時は熊本から青森まで陸送して安平の会場まで３日かかった。途中で降ろせると牛も随分楽になるのだが、休憩もトラックの中だった。会場に着いてから審査の日までもう１日あれば牛の状態も良くなったかもしれないと悔やまれた。北海道、東北から九州へ牛を運ぶなら、途中２カ所ほどスポットを決めておき、そこで牛を休ませながら会場に向かった方がいいと思う。

輸送の際、一番注意したいのは飲料水。「都会の水は口に合わない」「水が変われば…」などと人の世界で言われるが牛も同じようだ。輸送途中に寄ったガソリンスタンドの水を飲ませたりするのは避けたい。いつも飲ませているわが家の水を事前に液体洗剤を入れるプラスチック容器などに用意しておき、移動中はそれを飲ませる。空いた容器に搾った生乳を入れる。生乳も捨てなくて済む。与える餌は輸送前に濃度を下げておくと良いだろう。一方、輸送中にTMRや配合を与えた牛は痩せて会場に到着後なかなか回復しない。

松原　ビタミン剤やカルシウム剤、強肝剤などを予防として飲ませておくと牛の体調は大分違う。

栗城　当然、普段と違うストレスがかかるのだから、いつも以上に健康な状態に仕上げてから積み込まないとね。

松原　日量40㌔、50㌔も乳が出ているのだから積み込む前にどれだけ乳を落とせるかがポイント。数日前から餌の給与量を落としながら乳量を落としていく。

司会　それは乳房炎対策にも通じる。

松原　出発前に抗生物質を打つなど乳房炎にならないための処置はするが、泌乳量を減らしていくことが前提になる。

栗城　そう、牛は疲れているからちょっとした要因で乳房炎にかかってしまう。泌乳量を落としていくと乳房炎になりにくいのは確か。それでも肝臓の活性を促すビタミンや抗生物質などを注射するなどの予防措置は講じておくに越したことはない。

会場の牛舎で最も注意したいのは寝床の確保とその状態

司会　さあ、会場に到着。まず注意すべきことは。

司会　**高橋　邦博**

たかはし　くにひろ

1948年、北海道根室市生まれ。
北海道根室高校から酪農学園大学へ進む。同大学を卒業して北海道ホルスタイン農業協同組合入り。㈳北海道乳牛検定協会、㈱ジャパン ホルスタイン ブリーデング サービス出向などを経て同組合審査部、企画部長。2012年64歳で退職。この間、1982 ～ 83年の10カ月間、アメリカ・ウィスコンシン州のパインハースト牧場で研修する。また2005年には第12回全共栃木大会の審査を担当、06年には韓国ホルスタイン品評会でも審査を行った。石狩市在住

高橋　普段、敷ワラに恵まれない寝床で過ごしている牛が、全共に来てたっぷりの敷ワラの上で１週間前後過ごしたところ、飛節の腫れが引いた例がたくさんある。牛にとっていかに寝床が大切かを教えている。一方でワラを牛の尻の位置辺りまでしか敷かず、薄いベッドで寝かせている例もある。

松島　北海道大会では牛が会場入りしてすぐに寝られるように事務局が事前にベッドを用意してくれていた。過去の全共では馬栓棒１本に土の床もあった。これでは会場に行って「えっ、どうしたらいいの」となってしまう。

高橋　寝床が事前に用意してあるか否かは出品牛を扱う実働部隊の出発日にも関わってくる。寝床が用意されていれば、実働部隊は牛と同じ日に会場入りできる。用意されていないと牛の到着より１日早く現地入りして寝床づくりをせざるを得ない。

松原　全共ともなると会期は長丁場。排尿対策として寝床にスノコを置き、その上にワラを敷く。また通路にカーペットを敷くなど牛が滑らない対策もしたい。

まず牛を休ませ 餌は乾草から与えていく

司会　会場に牛が到着して第一にすることは。

松島　牛を家畜車から降ろしたら休ませる。人間は会場入りしていよいよ気合が入るが、牛は疲れている。「近寄るな！」「どこかへ行ってくれ！」だ。

松原　休ませて、乾草を食べられるように牛の前においてやる。

高橋　府県ではTMR給与が多いが、長丁場となればロール乾草を食べられる癖をつけておきたい。TMRは濃度が高いから、疲れているときにいきなり与えるといいことはない。

松原　そして徐々に乳房を張らせていく。

とにかく普段とは異なり何が起こるか分からないのがショー。例えば家畜車への積み降ろしの際、誤って肢や乳房をけがさせてしまう。あるいは会場牛舎から審査場へ連れていく過程で小石を踏んで肢を痛めてしまうこともあった。審査場までの動線を事前にチェックしておくなど、細心の注意を払うことだ。

栗城　家畜車に積み込む前の状態がいかに大切か、積み込んでから会場入りまではいかに休養させるかに尽きるだろう。

司会　これまでの話から出席された４人の皆さんには多かれ少なかれ結果を出せない時期があり、それをバネに励んで今日を迎えていることが分かった。その過程で得たコンディションづくりの要点を披露してもらった。この座談会がショーを始めよう、ショーに取り組みだした若い人たちに参考となると幸い。ありがとうございました。

現在のショーリングで活躍している酪農家、ショーマン４人に「ショーとは何か」、出品牛づくりについて話してもらいました。

インタビュー①　ショーの魅力と出品牛

一連の行程を毎日同じ時間に繰り返し行う

「お前の餌、よく食べるな」と言われるのが一番うれしい

ゲスト
北海道北見市南丘　**山内　誠さん**

選別済み精液を積極的に利用、受胎も良好

―雌雄選別済み精液、受精卵が容易に手に入る時代を迎え、さらにゲノム評価が行われるなどブリーディングの手法が変わりつつあるようだ。

山内　現在使っている精液は全てX（雌）精液。選別精液はこれまでも積極的に利用してきた。受胎も良好で生まれてくる８割ほどが雌牛。牛舎の収容スペースが限られていることもあり、初産を分娩する前に間引かなくてはいけなくなってきた。おかげで育成牛、初妊牛の段階で販売できるようになった。自家授精なので発情を見つけたら夜中でも授精できる。これも良い結果につながる一因かもしれない。発情を発見して授精のタイミングさえ誤らなければ受胎は良好だ。

一方、ゲノム評価による牛づくりは、追求しようとした時期はあったが評価に係る進展の度合いが速く、追い付けないのが実情。また評価値を重視し交配しても、生まれてきた雌牛が自分が描いていたイメージとちょっと違う場合もあり、評価は重視するものの能力、体型が伴った種雄牛を選定するようにしている。そうして生まれた雌牛でも３、４産すると乳量は１万2,000～１万4,000キロとなる。能力は３、４産から発揮できればいいし、そのような牛づくりを目指してきたし、これからもつくっていきたい。

プロフィル　やまうち　まこと

1971年北海道北見市生まれ。
江別市の牧場に住み込み実習しながら酪農学園大学短期大学部に通う。卒業後、アメリカ・ウィスコンシン州のインディアンヘッド牧場などで１年半実習し帰国、実家で就農。2009年に建てた本牛舎（92頭収容、つなぎ式）をフル活用し総数180頭を飼養。総出荷乳量約1,000トン、１頭当たり乳量1万1,300キロ（17年）。耕地83ヘクタール（採草地48、放牧地10、トウモロコシ畑25）

太らせずにサイズをつくる―これが難しい

―毎年春からショーシーズンが始まる。ショーに使う牛の選定などを。

山内　スタートは皆さんと比べ極めて遅い。前年から使っている牛は別にして、その年新たに使う若牛はショーの出品申込書が届

いてから選定するほどで、大体４月中旬までは特別な扱いはしていない。若牛は父（隆さん）が扱ってくれており、４月中旬ごろには生後６カ月ほどになっている。その中でサイズ、餌の食い込み具合などを見て「いいな」と思える牛をピックアップするような感じだ。

この６カ月齢前後が見極めの時期。この時点でこじれている牛は以降、授精時期までどんなに丁寧に扱っても餌を食い込まないのでサイズは出てこない。６～12カ月齢までに肋腹（ろくふく）がある程度充実していないと、秋のショーまで食い込める牛になってくれない。ただし、太らせずに大きくする―これが難しい。

体型面では前肢なら前膝から下、後肢なら飛節から下が短い牛は大きくなってくれないし、逆にそれらが長いと牛は大きくなってくれる。また顔、鼻が大きな牛は餌の食い込みがよくサイズも出てくる。大先輩たちから「顔を見て判断しろ。顔は大切」と教えられたが、その通りと思う。

写真１　目が行き届く場所に頭絡を掛けて頭を上げてつなぐ

成長促すにはタンパクとビタミン、カルシウムは必須

―選定後の管理は。

山内　月齢に固執せず「この牛をショーに使う」と決めた時点で独房に移している。ここからが自分の担当。独房がたくさんあればそれに越したことはないが、施設もスペースも限られており、無いものねだりはできない。

ショー出品は例年、春から始まり最終の「北海道ホルスタインナショナルショウ」（９月末）を目指す。「ナショナルショウ」ではクラスの中である程度の大きさがないと通用せず、サイズ負けしないことが前提。そのため、この牛を使うと決めたら、体高を月に最低でも３㌢は大きくしていこうと思っているし、それを目標に管理している。

餌の基本はグラスサイレージ。良質な乾草があればいいのだが、良質乾草に恵まれない年もある。その時は早刈りの２番草ラップサイレージを与える。グラスサイレージは肉の付き方を見ながら食べる量を徐々に増やしていく。成長を促すにはタンパク飼料にビタミン剤とカルシウムが必須。タンパクだけではうまく反応しないし、ビタミン剤は過剰に与えても逆効果になる場合もある。それらのバランスも大切で最も多く与える時期で１頭当たり大豆系タンパク飼料（バイパス40）は800㌘／日、ビタミン剤は300㌘／日、カルシウムは50㌘／日ぐらい。一方、でん粉質飼料、配合飼料は与えない。

乾草、グラスサイレージは一度にどんと与えず、１日に３、４回、多い時に６回程度とこまめに分けて与えるのが鉄則だが、実はそれが大変。唾液が草に付くと牛は食べない。独房で飼っていてもアンモニア臭が着いた草は食べてくれないので常に新しい草を与えるようにしている。

ショーの１週間くらい前になるとビートパルプ、配合飼料を加えて栄養濃度を上げコンディションを整えていく。それらをショー会場に着いていきなり与えても食べない場合があるので、独房にいる１週間くらい前から徐々に与えて慣らすようにしている。１週間程度なら配合飼料を与えても太ることはない。

ラウンダーがけは運動と調教を兼ね
1日2回、計6時間

―飼料給与以外に留意していることは。

山内　大切にしているのは、牛は習慣性の高い動物だから毎日同じリズムで扱うこと。

例えば今日牛を洗って明日は洗わない、今日ラウンダーにかけて２、３日空けてから再びラウンダーにかける―これは良くないと思っている。ラウンダーがけを含めた引き運動や牛洗いなど一連の作業を毎日同じ時間に行って独房に戻す―この繰り返し。ラウンダーにかけるのは１日２回、計６時間。１回に３時間ぐらいかけると乾草、サイレージの食い込み量が上がってくる。

写真２　１日２回、計６時間、毎日決まった時間にラウンダーにかける

そうすることで牛はおとなしくなり、誰が引いても問題は少ない。中には引き運動を始める最初の１週間ぐらいはてこずる牛もいるが、頭絡に慣れさせ頭を上げてつないでおくと３、４日で大抵はおとなしくなる。つなぐ場所は目が届く範囲。

わが家では子ども３人がジュニアショーに出るようになってから、誰でも引けるようにしなくては、と牛を扱ってきた。それが結果的に良かったと思う。ショーに出さない牛でも暴れることはなく、牧場内の移動や搾乳作業が楽になった。わが家では牛を叱る人は一人もいないが、牧場によっては怒りっぽい人もいる。怒ると牛はおびえてしまう。きっと牛も怒っていると思うね。

―引き運動など調教は。

山内　独房からラウンダーのある場所まで連れて行くとき、ラウンダーがけが終わり独房に戻す移動時が引き運動というか調教の練習の場。牛と人が互いに慣れ、歩調を合わせられるようにゆっくりと引いてやる。ラウンダーがけも運動と調教を兼ねているので、ラウンダーは一番遅い回転速度に設定し一歩ずつ確実に歩行できるようにしている。速度を速めて長時間かけると歩行中に肢を投げ出すなどおかしな癖がつくので注意したい。

会場では餌の給与順に留意し
チームワークの発揮を

―ショー会場に到着してからの留意点は。

山内　会場入りした時点でコンディションは７割方できており、勝負もほぼ決まっている。普段から餌を食べていれば会場入り後もきちんと食べてくれるので、会場では特別なことはしない。毛刈りも大切だが、餌を食い込めない牛はどんなにきれいに仕上げても勝つことはできない。結局、家で飼っているときの管理がいかに大切かだ。

ただ会場入り後は、与える餌の順番を間違えないこと。特に審査当日の朝は長物から食べさせるのを基本にして、配合飼料など濃度の高い餌は最後の最後に与えるようにしている。人間に例えると胸やけしない餌から与えて、腹をつくっていく。逆にトウモロコシサイレージなど濃度の高い餌をいきなり与えると、その時点で食い込みにブレーキが掛かってしまう。反すうが始まるとその後、どんな餌を与えても食べてくれない。

審査の4～5時間ほど前になるとビートパルプを与え、その後グラスサイレージに配合飼料を混ぜて与えている。また審査前日の夜の餌給与も大切。むしろここが一番肝心と思っており、乾草であってもまず硬い乾草から与え、徐々に軟らかい餌に切り替えていく。とにかく牛の前に張り付いて様子を見ながら餌を少しずつ与えていかないと…。

ショー会場では自分の牛だけでなく仲間の牛、しかも出品クラスが異なる牛もつながれている。そこで注意したいのが盗食。例えば審査時間が異なる隣の牛にサイレージを与えると、自分の牛も食べたくなる。極端な例だが経産牛の隣に最も若齢の1部の牛をつなぐ―これでは互いに良い結果は得られない。そこは仲間同士で気遣いすることが大切。レベルの高いショーになればなるほどチームワークを発揮して役割分担をして臨まないと勝ちに結び付かない。

乳房は何時間でどの程度張るか―事前にイメージできるように

―経産牛では乳房調整が大事だが。

山内　経産牛の仕上げは上手じゃないが、とにかく日々の観察を怠らないことと管理手順を変えないこと。これに尽きると思う。牧場にいる時のいいコンディションを会場でいかに維持できるかがカギだろう。

乳房は何時間でどの程度張るか事前にイメージできていることが大切。会場では前述した餌の供与順を間違えないように心掛ける。順番次第で乳量が変わり当然、乳房の張りにも影響する。乳牛が食べた餌が乳に変換されるまで約18時間かかるので出品の時間から逆算して、自分のイメージしている乳房になるように張らすためタンパク飼料の給与量を上げていく。こうした時間帯にみんなと話し込み牛から離れていると、たとえ12時間前にタンパク飼料を増給しても既に遅し、となってしまう。決め手となる時間帯は牛から離れないことが鉄則。

いい情報を得るにはいい人脈づくりが大切

―最後に山内さんにとってショーとは。

山内　酪農という仕事を通して最も情報収集できる場がショー。いい情報を得るにはいい人脈をつくること。いい仲間ができるといい情報が得られるし、互いに意識を高めてもいける。

出品した牛が1番になる以上にこだわっていることがある。それは乾草でもサイレージでも自分が持ち込んだ餌についてで「お前の餌、よく食べるな」と言われるのが一番うれしい。ショーは皆さんが一番いい餌を持ち寄る場でもあり、そこで負けたくはない。それを目標にこれからも日々餌づくりに励んでいきたい。

写真３　2009年に建てた92頭収容のつなぎ牛舎内部。搾乳作業は誠さん、隆さんとベトナム人研修生の３人で行う。１回の搾乳時間は約２時間

仕事の中に趣味がある――酪農は天職

焦らずゆっくり１年のゴール目指したい

ゲスト
北海道河東郡上士幌町居辺　**吉田　智貴さん**

プロフィル　よしだ　ともき

1979年８月生まれ。
北海道帯広農業高校から酪農学園大学短期大学部へ進む。大学を卒業して実家で就農。飼養総数200頭（未経産牛90、経産牛110）、総出荷乳量1,170トン（2017年）、1頭当たり乳量1万800キロ。体型審査受審55頭中EX ５頭、VG28頭。両親と妻、子ども２人の６人家族。酪農４代目

穴が開くほど見入った　デーリィマン誌の共進会ページ

―ショーとの出会いを。

吉田　大学を終えて実家に戻った2000年から本格的に始まった。卒業後は牧場実習する予定だったが、体調を崩して断念し実家に戻った。戻ってからは小椋茂敏さん（十勝管内上士幌町）、山岸均さん（同士幌町）が「一緒にやるぞ」と誘ってくれ、各地のショーや牧場見学に連れて行ってもらい、牛づくりについて教わった。

それまでわが家では父（憲一さん）が取り組んでいたが多くの役職に就き多忙となり、次第にショーから遠ざかっていた。ただ種雄牛の選定をはじめとした遺伝的な牛群づくりは続けてくれていた。

私自身は元々牛好きだったが、牛アレルギーでぜんそく持ち。小さなころは入退院を繰り返していた。入院中や家で休んでいるときに目にするのはデーリィマン誌の共進会のページ。それこそ穴が開くほど見入っていたし、牛の写真を切り取り、好きな順にノートに貼り付けるほどだった。「日本ホルスタイン優秀牛名鑑」（監修・㈳日本ホルスタイン登録協会、発行・北海道ホルスタイン農協、販売・デーリィマン社、1990年）を父に買ってもらい、ぜんそくで家に閉じこもっているときなどは夢中で読みふけっていた。そんなマニアックな子ども時代を送っていた。また高校生（帯広農業高校）のころは当時、全国、全道のショーで名を馳せていた鈴木力さん（十勝管内芽室町）、山本良二さん（同音更町）の牧場で手伝い、多くのショーにも連れて行ってもらった。

ショーに使う牛は　生まれた時点で決めている

―ショーカウの選定時期などは。

吉田　基本的には生まれた時点で決めている。自分なりに「この交配で生まれた牛なら」との考えがある。また今は優れた遺伝子が受精卵の形で手に入るし、雌雄選別済みの受精卵、精液が利用できるようになった。レベルの高い十勝のショーでそれなりの評価を得るには交配、そして生まれ落ちからスタートしないと通用しないと思っている。体型的には尻台が四角いことと腰角幅、坐骨幅の広さを重視している。

わが家は牛を飼うスペースが狭いのでショーカウ以外は7カ月齢から全頭預託している。また経産牛になるまで多くを残す余裕がないので、それまでの過程でスタイルが良くきゃしゃな体型の牛は販売に回している。さらにショーカウを含め全頭ゲノム検査して評価が低ければその時点で販売するようにしている。

―ショーカウを特別に扱うことは。

吉田　最初から1頭ずつ独房で飼うことだろうか。多くの牧場では2頭、3頭と群飼いして、互いに競わせてから1頭飼いするようだが、わが家はスペースが狭いのでそうはできない。

結果、牛に競争心が生まれず、餌を1度にどんと与えても食い込んでくれないので、少量ずつ複数回に分けて与えている。観察して手を掛ける、触れる機会を極力設けるのは皆さんと同じ。

ラウンダーにかけるのは人に十分慣れさせてから

―ショーシーズンが近づいてからは。

吉田　毎年4月に開かれる町村単位のB&Wショーからスタートし、ゴールとなる9月末の「北海道ホルスタインナショナル

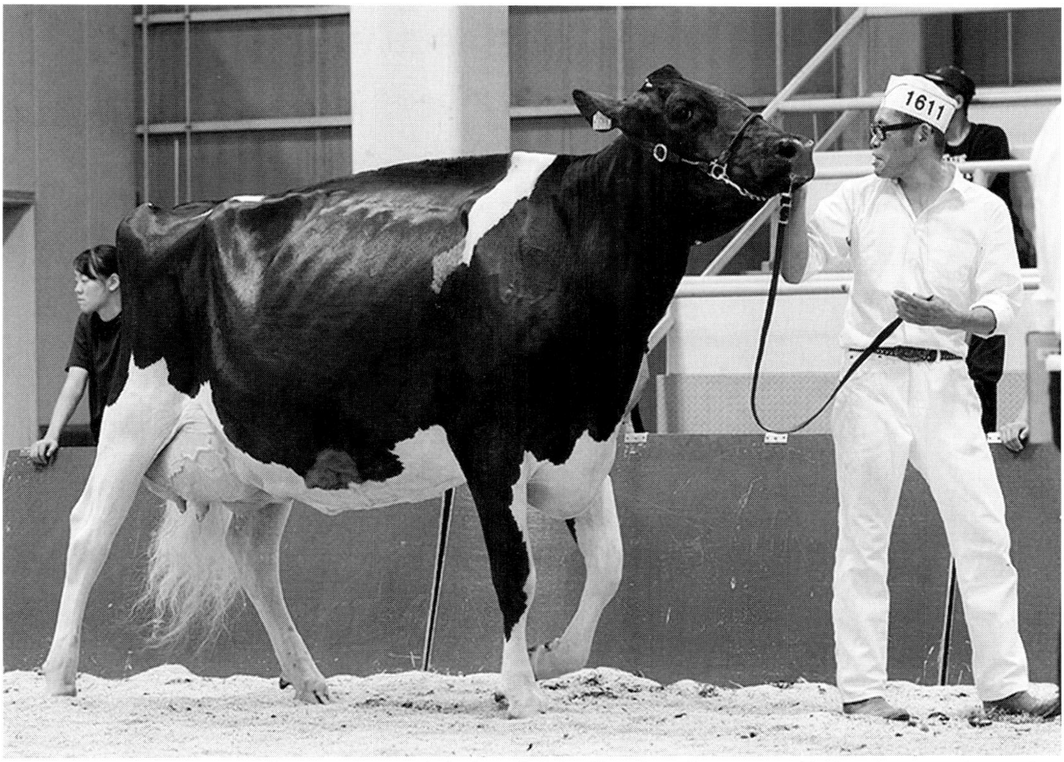

写真1　2019年8月18日「第50回十勝総合畜産共進会」。第16部5歳クラス1等賞3席 ハツピーラインダミオン エンジニア ET

ショウ」を目指す。シーズン前は散歩から始め、毛刈りを数回行う。毛刈りの目的は牛体をきれいにするのが目的だが、コンディションの見極めにも役立つ。

寒い季節は牛体に肉(脂)が乗っているし、乗せないといけないと考えており、冬場は餌を多めに食わせるようにしているのでショーの準備としては始動が遅くなってしまう。

だから春先のショーにはオーバーコンディション気味での出品となる傾向があり、例えばクラスで3頭中3番といったケースも多々ある。

春先のショーは結果にこだわらず、その後、数回ショーに出品しながら状態を判断しつつ、ゴールの「ナショナルショウ」まで焦らずゆっくり仕上げていくようにしている。スタートからゴールまで良いコンディションを維持し続ける自信がないのも確か。競馬に例えると先行逃げ切りでなく、後から差していく形。じっくり取り組み、最後に追い付けばいいと思っている。

その間は、コンディションはどうか、異変はないかといった日常の観察が大切。観察は他の牛たちも同様で結局、ショーカウといえど扱いは普段の延長にすぎない。だから日中は通常の仕事をこなし、ショーの前の毛刈りなどは夜中になってしまう。

―本格的に調教を始める時期は。

吉田　若齢牛の場合、シーズン最後となる「北海道ホルスタイン・ウインターフェア」(11月初旬)に出品するなら、「道ナショナルショウ」の前後から調教を始めている。春先のショーに使える月齢の牛なら前年から別飼いしているので、年が明けて雪が降っている時期に散歩を始め、毛刈りも同じころに1、2回行う。散歩、毛刈り、牛体洗浄で人に十分慣らさせて1カ月ほど後にラウンダーにかけるようにしている。いきなりラウンダーにかけるのは事故につながる場合があり、極めて危険だ。

猛暑時は日中手を掛けず、牛洗いも日中は避ける

―近年、北海道といえども夏場は猛暑も。

写真2　近年、北海道内はもとより府県からもショー審査の依頼が増えた。審査のため家を空ける機会が多くなったが「家族の理解があってこそ」と吉田さん(写真は平成29年11月「第45回千葉県B&Wショウ」)

暑さ対策は。

吉田　日中は風に当てるだけ。牛洗いは日が沈んでから。日中に牛洗いすると牛体に熱がこもってしまうので、暑いときは余計なことをしないのが基本。

体調管理では暑い時期に限らずシーズンを通して生菌剤、整腸剤、ビタミン剤を切らさずに与えている。数年前に参加した講習会でも、特に生菌剤は体調の維持に必要と聴いたが、乾乳期に与えておくと後産停滞など分娩に絡むトラブルが防げるようだ。また、わが家はTMRセンターから配送される餌を使っており、年によって品質に差があり食滞が発生することもあった。それが生菌剤を与えて10日くらいで解消したことがあった。ショーカウにはそれらを増し飼いしているし、寒さ暑さでエネルギーの消耗が懸念される場合もそれらをいつもより増やして与えている。

輸送前にも生菌剤をいつもより多く与えておき、さらに強肝剤も出発前、会場到着後に飲ませられるよう準備している。

品質が異なる乾草を みんなでそろえ利用する

—会場入りしてからの餌は。

吉田　基本は乾草。以前は個人で品質が異なる乾草を用意したが、今は収穫・調製をコントラクターに委ねるケースが増えた。また多頭化が進み労力面での制約から圃場ごとなど数種類の乾草を個人で用意するのは難しい。こちらの乾草を食べなかったら、そちらの乾草を、と仲間が持ち寄った乾草でやり繰りしている。みんなでいろいろな品質の乾草をそろえていく—これが十勝の強みと思っている。

家族が仲良くなければ いい牛はつくれない

—最後に吉田さんにとってショーとは。

吉田　あくまでも趣味の１つと捉えている。実家で就農したころは経営の詳しい中身を知らず高価な種が使いたい、あの牛を買いたい、あの機械が欲しいなどと言って父と衝突したこともあった。父はその都度「経営が成り立ってのこと、乳を搾っての酪農経営」と叱ってくれた。ショーに誘ってくれた先輩たちからも度々意見されてきた。

今では酪農経営が成り立ってのショーであり、楽しく好きなことを経営の中でできるなら、その職業は天職と思える。朝起きて自分の思い描いた牛が並んでいる牛舎に行く—これが理想。

改良の成果を見せるということはわれわれ酪農家にとってのステータスであり、ショーに打つ込むことで普段の仕事のモチベーションが上がる。当初は常に上位にいきたいと思っていたし、今も自分の中のどこかで勝ちたいとは思っている。でも結果以上に酪農家ばかりでなく関連する業種の人たちを含めていろいろな人と話をしたい、つながりを得て情報交換したいと思う。また昔からショーカウに限らず牛舎につなぐ牛であっても牛を良くするも悪くするも家族次第。家族が仲良くなければいい牛はつくれないと言われてきたが、全くその通りと思っている。

写真３　写真右下の独房にショーに出品する牛を入れて飼養、管理する

インタビュー③　ショーの魅力と出品牛

人との出会い、牛との出会いが大きな支え

牛は商品、いつでもきれいに大切に扱う

ゲスト
北海道広尾郡広尾町紋別　**佐藤　孝一さん**

プロフィル　さとう　こういち

1981年、北海道広尾郡広尾町生まれ。
北海道帯広農業高校卒業後、２年の牧場実習を経て実家で就農。育成牛を購入し初妊牛として販売する家畜商業から育成牛の受託事業を展開、さらに搾乳部門を導入するため㈱エステリア・デーリィサービスを2016年に設立

ショーが牛屋を始める原点

―近年、北海道をはじめ全国レベルのショーで上位入賞を続ける一人に佐藤孝一さんが挙げられる。佐藤さんのショーへの原動力とは。

佐藤　とにかくショーが好き。ショーをやるために牛屋になったようなもので、ショーがなかったら牛屋はやっていない。

わが家は祖父が家畜商を営み、父は地元農業共済組合の家畜人工授精師。父はショーが好きで授精師の活動をしつつ、若牛（未経産牛）を共進会に出品していた。北海道ホルスタイン共進会（現在の「北海道ホルスタインナショナルショウ」）には２度ほど出場を果たしている。その影響で私も地元の町や十勝管内の共進会のジュニアショーで牛を引いていた。私にとってショーが牛屋を始める原点。

育成受託から
搾乳部門の立ち上げへ

―経営の取り組みを。

佐藤　私が牧場実習から戻ったころは若牛を買ってハラミ牛（初妊牛）に仕上げて府県の牧場に売っていた。やがて府県の酪農家の求めに応じて若牛の育成管理を受託するようになった。ピーク時には700頭を超えるなど、いつの間にか受託頭数が増え、労力的に限界を迎え受託部門を縮小した。そして今から３年前（2016年）、搾乳を行う目的で親牛を飼養する会社（㈱エステリア・デーリィサービス）を立ち上げ、現在に至っている。

受託部門に関すると、最初は施設を建てる資金がなく、他人の空き施設を借り、管理も他人に任せ、自分はその様子を見るだけのスタイルだった。そのうち自分でやった方がいいのかなと考え、育成牛舎を建てた。実習から戻って一番苦労したのは牛舎を建てる有利な資金を調達できなかったこと。それまでは

施設も機械も持たずにやってきたし、祖父は農協を通して事業をしていなかったので、住宅ローンより高い４㌫金利の営農資金で牛舎を建てた。

―受託部門のお客さんは。

佐藤　全てショーを通して知り合った人たち。当時、私は独身で搾乳もしていないので時間的に余裕があり、府県のショーを見て歩いていた。そこで知り合った人たちの牛を預かるようになった。営業活動をしなくても十分だった。

―やがて搾乳部門を立ち上げる。

佐藤　会社を立ち上げた理由は幾つかあるが、ショー活動の面からは〝いつまでも買ってきた牛で勝負している〟、といわれてきたのがしゃくで、どうしても本当の意味での酪農家になりたかった。搾乳部門の会社を立ち上げたことで晴れて酪農家の仲間入りをした次第だ。

勉強になった牧場実習

―牧場実習について。

佐藤　高校を卒業して根室管内中標津町の佐々木昭雄牧場に１年半お世話になった後、十勝管内更別村の天野洋一牧場で半年、計２年、牧場実習をした。

私が実習をしていた頃の中標津の酪農は共進会が盛んで北海道ホルスタイン共進会に町全体で20頭前後出品していたほど。農協や町の共進会に十数頭出品する牧場も珍しくなく、そこで餌やりや乳房調整を任された。これがすごい勉強になった。また実習期間中、北米でフィッター、ショーマンとして活躍した同町の久保剛さんと出会い、時間があれば久保牧場に通い、北米のショービジネスの厳しい世界やショーカウについて教えてもらったのが、その後のショー活動、経営に大いに役立っている。

リングでは自分の牛のいい姿を見たい

―実家に戻り、いよいよショー活動に打ち込むことに。

佐藤　久保さんとの出会いがあって道央を拠点にショーで活躍している瀬能剛さん（岩見沢市）と知り合えたことも大きい。

私にとってショーが全てで、ショーに取り組んでいるおかげで牛を買ってくれるお客さんが増え、育成牛の受託もできるようになったほど。でも、最初の年は全道共進会に進めなかった。２年目、それでは困るだろう、と久保さんが用意してくれた牛を全道共進会の予選となる十勝管内の共進会に出品、しかも久保さん、瀬能さんが全てを準備してくれ、審査時は牛を引いてもくれた。その結果、全道共進会に進むことができた。それ以降も特に大切な牛は２人に引いてもらっている。

私は久保さん、瀬能さんにお任せだが、自分の牛は自分で引く、という考えの人もいる。でも私の技術ではそれは無理だし、そこに至るプロセスが私にとっては楽しい。自分で牛を引いて勝ちたい、という気持ちはさらさらない。自分が扱った牛が勝てばいいのであり、その牛のいい姿を見たいだけ。

牛って不思議で、引く人によって全く違って見える。技術のある人が引いた方が牛にとっても幸せなはず。でも技術のあるショーマンにどんな牛でも引いてもらうわけにはいかない。だからショーマンが喜んで引いてくれる牛をつくるのを目指すだけ。

後年、全共北海道大会で名誉賞を得る天野さんからは輸入受精卵を分けてもらうなどしているし、全国レベルのショーリングで名を馳せ、TMFの冠名で知られる㈲田中牧場（十勝管内清水町）の松原秀雄さんからはショーカウを分けてもらうなどお付き合いをさせてもらっている。天野さんから最初に買った受精卵が全共名誉賞牛（レデイスマナー MB セレブリテイ）の系統だった。

ここ５、６年、ショーカウは売っていないが、以前はショーに使った牛は全頭売ってお金に換えていた。娘牛を残したいので母牛を松原さん、天野さんに買ってもらったりしていた。

このように人との出会いでショー活動ができているようなものだ。

それでも始めた当初の４、５年、「道ナショナルショウ」では２等賞止まりがほとんどで、初めて１等賞１席を取ったのは2007年（レデイスマナー ウイン ハーゲン＝第５部）。当時は宗谷管内豊富町の佐藤信夫牧場から出たハーゲンの系統が全盛。そこでハーゲンの未経産牛を共進会に出して勝ちたい、と松原さんらとシンジケートを組み購入、それがたまたま全道でトップとなった。

１、２頭を独房で飼養

―ショーに使うのはどのような牛。

佐藤　始めたころはわが家にいる牛の中から「いいな」と思う牛をピックアップして出品していた。「道ナショナルショウ」には進めたが、結果は２等賞止まりがほとんど。これではいけないと思い、いわゆるショーカウを買い求めることにした。最初の１頭が田中牧場のベンジーの系統で、松原さんに会って「ショーカウを売ってください」とお願いした。これがきっかけとなり、その後も田中牧場からはショーカウを分けてもらっている。

ショーカウはショーカウとしての父牛にこだわっているが、今のゲノム評価はちょっと分からないというのが正直な感想。今のところ日本のゲノム評価値がなければ何かと不便なので、日本のゲノム検査しか受けていないが、少々お金がかかっても海外で受けた方がいいかなとちゅうちょしているところだ。

また去年（2018年）から体型審査も受審し始めた。ただし購入牛だから牛群審査を受審できないのがネック。

―ショーカウの飼養に話題を移そう。どの時点でショーに使うと決めるのか。

佐藤　ショーカウはショーカウとして購入するから、決めるのは購入する時点。そして６カ月齢ほどでわが家に来ることに。その時から独房でショーカウとして扱う。独房は３基あり、１独房当たり１、２頭収容するが、ほとんどは２頭飼い。

今年（19年）の秋に独房を10基備えた牛舎を建てる予定。舎内にラウンダーを入れて洗い場も設ける計画だ。

毎年、前年のショーで使った牛と新たに加わった牛でショーシーズンを迎えるが勝負は秋。春のショーにも出品するが、９月の「道ナショナルショウ」に照準を合わせ、コンディションをつくっていく。

ラウンダーがけは１日３、４時間、牛洗いは毎日２回

―運動、調教、牛洗いなどは。

佐藤　導入牛なので、牛がわが家に来た時点で調教は大体終えている。ラウンダーがけは主に運動を目的としており、１日３、４時間（１回約２時間、２セット）行う。牛洗いは凍（しば）れる日がなくなれば毎日朝晩２回、過肥気味ならもう１度洗う。毛刈りは全て人任せ。きれいな仕事ができるように周辺を整備するのが自分の役割。

―餌に関すると。

佐藤　配合飼料を除き乾草、ラップともに全て自給。良質の乾草があれば乾草中心だが、ない場合は１、２番草のラップサイレージ。１番の乾草、ラップともに例年、穂が出るか出ないかの６月20日をめどに収穫・調製を終えている。

会社を立ち上げたことで草地が増えた。会

社と個人を合わせると草地は130ヘクタール、トウモロコシ畑が65ヘクタールとなり、自給体制が整ってきた。そのほかビタミン剤やミネラル、ビートパルプを牛の体調を勘案しながら与えている。

ショーカウづくりに関すると、以前はサイズ（大きさ）を出そうとタンパク濃度を高めた餌を与えていたが、ショーカウを販売しなくなって５、６年は草だけで牛をつくるようにしている。タンパクで攻めるとどうしても乳房に脂が乗ってしまう。

草地管理は特別なことはしていない。牧草地には石灰を投入するだけで堆肥は振っていない。牧草地が増えたおかげで草地更新ができるようになった。それまでは３年に一度の割合で追播する程度だった。

輸送は信頼おけるドライバーに

―夏の過ごし方やショー会場までの輸送で留意している点は。

佐藤　北海道でも十勝の中央部は猛暑日が増えているが、幸いなことに太平洋沿岸の広尾町はそう気温は上がらない。舎内に扇風機はないし、暑熱対策を講じずに済んでいる。ただ、育成舎の屋根はコンパネで内張りしており、これが屋根からの直射熱を遮ってくれているようだ。

輸送に関するこだわりはトラックの運転手さん。彼は運転手であり友人でもあり、毎年私のショースケジュールを優先して活動してくれている。町のB&Wショーから「道ナショナルショウ」に至るまで輸送の全てを彼にお願いしている。先の「全日本B&Wショウ」でも会場の御殿場市まで一人で輸送してもらい、期間中もずっと会場で過ごしてもらった。輸送中、どのタイミングで牛を休ませるか、餌を与えるか、熟知しており、私から注文することは一切ない。実際に見てはいないが、会場がどこであろうと牛は疲れていないので全幅の信頼を寄せている。

会場入り後、すぐに牛洗い

―会場入りして最初にすることは。

佐藤　会場に着いたらすぐ牛を洗い。仮に「道ナショナルショウ」なら、わが家の広尾町から会場の安平町への輸送となるが、その程度なら牛に疲れはない。輸送中の汚れを落とすため、到着したらそのまま洗い場に連れていく。牛は商品だからね。いつ、どこで、誰が見ているか分からない。商品はいつでもきれいにしておく、大切に扱わなければね。

ショーは楽しくなければ

―最近のショーでは熱心な若い人たちが増えてきた。

佐藤　若い人たちは真剣に取り組んでいる。私の地元でもみんな一生懸命だ。そんな人たちからアドバイスを求められたら、なんでも答えるようにしている。センスある若者ならなおさらだ。いい牛を出品して、会場で若い人たちを交え、おいしいものを食べて語り合う。ショーは楽しくなければ。

今まで話してきたように、ショーのために牛屋になり、ショーを通した人、牛との出会いが今日の自分を支えてくれている。次は酪農家として経産牛で勝負したいね。

インタビュー④　ショーの魅力と出品牛

バランスと肋《ろく》張り、乳器が重視される時代迎える

日本のショーレベルを世界水準に

ゲスト
エリートジェネティクス㈱　**渡辺　雄大さん**

プロフィル　わたなべ　ゆうだい

1988年、山形県上山市生まれ。
山形県立上山明新館高校卒業後、北海道野付郡別海町の佐々木義隆牧場を皮切りにアメリカのアリスーザ牧場、北海道天塩郡豊富町の佐藤信夫牧場、カナダのブロンディン牧場で実習。その間、ショーテクニックに磨きをかける。現在は宮城県丸森町のエリートジェネティクス㈱に所属し、国内外のショー活動のサポートに携わるとともに自身の所有牛のショー出品に精力的に取り組む

フィッター、ショーマンとして思いきりやってみよう

—国内外での豊富な牧場実習経験を生かし、１年の半分以上をフィッターとして、あるいはショーマンとしてショー出品牧場をサポートしている。渡辺さんにとってショーとは。

渡辺　ショー好きな父（一さん）の影響を受け、この世界に飛び込んだ。小さなころからショーに憧れ高校卒業後、北海道の牧場での実習を皮切りにアメリカ、そして再び北海道、さらにカナダと牧場実習に明け暮れた。

国内外の牧場を渡り歩いてきた僕のような経験はみんながみんなできないだろうし、技術を習得する時間も持てないと思う。そんなことでフィッター、ショーマンとして自分なりにどこまでできるか思い切りやってみようと考えている。

ゆくゆくは独立して自分の牧場を持ちたいが、わが家の酪農はいわば副業で、経産牛10頭未満の現在の規模ではすぐに独立とはいかない。そんなことで今は半澤善幸さんが主宰するエリートジェネティクス社（宮城県伊具郡丸森町）にお世話になっている。

同社に所属して今年で４年目になるが、ここでは海外のゲノム評価に基づいたホルスタインの遺伝子づくりをはじめ和牛の生産にも取り組んでいる。日本の酪農の強みの１つは和牛という世界に通用するブランドを上手に組み合わせた経営ができること。エリートジェネティクスはこうした経営を実践しており、ホルスタインに和牛を取り入れた経営も勉強できる。

これまでの実習とエリートジェネティクスでの取り組みは独立のための布石とも捉えている。

３月から翌年１月まで 国内外に及ぶショー活動

—自分の牛の出品とサポートする日々。１年間のスケジュールを。

渡辺　近年は３月上旬の大分県のB&Wショーから始まり、地元山形県の「スプリングショウ」、４月は「セントラルジャパンホルスタインショウ」（静岡県）、北海道の管内単位のB&Wショーが２カ所など。５、６月は「北海道B&Wショウ」のほか山形、宮城、岩手の県B&Wショーと続き７月になって小休止。８月に再び活動を始め北海道の管内単位の共進会が２、３カ所、９月は山形、宮城、岩手の各県共、それが終わると「北海道ホルスタインナショナルショウ」。10、11月はアメリカの「ワールドデーリィエキスポ」、帰国して栃木県共、「東日本デーリィショウ」（岩手県）、さらにカナダへ渡り「ロイヤルウインターフェア」と続いて年内のショー活動を終える。年が明けた１月にはスイスのナショナルショーにも出掛けるようになった。

—自分が所有する牛の出品は。

渡辺　親牛（経産牛）６頭に若牛（未経産牛）を２頭ほど所有しているほか、仲間と共同で所有している牛が２頭ほど。

日々の管理は１年を通して父が行ってくれているが、出品するショーの１カ月ほど前からは宮城（丸森町）から自宅のある山形（上山市）まで片道１時間半かけて毎日往復して出品に向けて仕上げている。

ショーには親牛を出品する—が基本的な考え。そのため分娩時期がカギとなるので、それを前提にこのショーにはこの牛、こっちのショーにはこちらの牛などと分娩時期によって出品するショーを決めている。ショーに向けて最もコンディションを仕上げやすいのは分娩３カ月前からで、それ以降、ベストコンディションに向けてショーを選定するようにしている。

ただし規模の大きい「北海道B&Wショウ」、「道ナショナルショウ」と「東日本デーリィショウ」の３つは私にとって欠かせないショーと位置付けており、毎年、この３大ショーへの出品を目指し、ベストコンディションで臨むよう心掛けている。

決め手は 栄養バランスと乳房

—コンディションづくりの決め手は。

渡辺　栄養バランスに尽きる。個々の乳牛について例えば、この時期にこの餌をどの程度与えると、牛はどのように仕上がっていくかをイメージして栄養を大まかに計算し対応していく。実際には父に任せている部分が大きいので、その都度ポイントを父に伝えて管理してもらっている。このようにステージごとに栄養状態を分析し、それに基づいてコンディションを組み立てている。

—親牛では乳房のコンディションづくりも重要。

渡辺　栄養バランスにプラス乳量。泌乳量が多いと乳房は自然と活気あるように仕上がってくるので、それに向けてどのように栄養バランスをコントロールしていくかだ。コンディションづくりには栄養バランスのほかに栄養と運動のバランスも大切。北米では放牧させて体を引き締めるが、日本では放牧はなかなかできないのでラウンダーに頼るしかない。

真剣に引き運動すると 牛は応えてくれる

—調教は。

渡辺　自家産牛なら離乳してすぐにロープもくしを付けて歩かせ、歩行訓練を始める。

導入した親牛の場合は毎日洗浄するたびに牛舎から洗い場まで片道20～30㍍の距離を手で引く。それが歩行練習。

人が気持ちを集中して臨むと牛もそれに応え、頭絡の持ち方などを理解してくれる。こうして少なくとも１カ月ほど引き運動を繰り返すと、牛は要点をすっかり覚えてしまう。手で引くのが肝心で、牛はそれに合わせて反応してくれるようになる。その点でラウンダーがけは運動であり調教ではないと思っている。

餌をよく食べているか否かが輸送ポイント

―ところで次回の全共は宮崎県都城市が舞台となる。北海道や東北からは長距離輸送になってしまう。

渡辺　アメリカのワールドデーリィエキスポに出品するとなれば、実習先のカナダ・ケベック州から会場のマディソン（ウィスコンシン州）まで30時間弱だろうか。その時の経験から言うと、牛が餌を食べるかが状態を把握する判断の１つと思う。

親牛なら出発前に搾乳し、輸送途中、距離的に真ん中の地点で再び搾乳するが、この時点で餌をよく食べているか否か、ここがポイント。状態を早めに見極めてやると、その後の対処も容易だ。私も山形の自宅から北海道の共進会場まで牛を運ぶと片道８時間ほどになるが、輸送の途中で餌を食べているかを把握し必要なら治療するようにしている。

北米では大きなショーの場合、２階立ての家畜専用車で輸送するのが一般的だ。大切な経産牛などは１階に。２階には地域などでシェアして若牛を積み込む。長距離輸送してもショー会場に着いてから審査当日まで１週間ほどの期間があり、その中で仕上げていける。

会場入り後も変わらぬリズムで餌を与える

―会場到着後の管理は。

渡辺　まず餌を与え、食べるか否かを見極めることにしている。私が言う餌とは配合飼料のこと。牧場にいても餌を食べる時間は朝、昼、晩などと決まっているから、会場でもそのリズムを崩さずに与え、それ以外の時間帯に餌は当たらないことを覚えさせるのが大切と思う。もちろん配合と配合の間に良質な乾草を挟んで与えていくようにしている。

大きさよりバランスと乳用性、乳器を重視

―最近の北米のショーにおける審査の傾向をどう判断しているか。

渡辺　体各部のバランスと乳用性、乳器形状の正確性が以前より重視されるようになってきた。自分がこの世界の入ったころはサイズ（高さ）が重視されていたように思うが、最近はいたずらに高さを求めるのではなく、体長、体幅があり、それらのバランスに富んだ牛、しかも各部位の構造が正確なことだ。親牛ではそれらに加え、体に見合った乳器の形状、容積が重視される。今後もそうした傾向が強まっていくと思っている。以上が最近の北米におけるショーの傾向と言えると思う。

―日本でもそのような傾向になりつつあるようだ。

渡辺　若牛の場合は、まだサイズを求める傾向にあると思うが、親牛の場合、極端な言い方をすると肋張りとしっかりした乳房―これがショーで勝つ大きなポイントと思っている。

―肋張りが日本と北米のショーカウの大きな違いとも。

渡辺　餌をしっかり食べさせることが重

要。北米ではショー会場に牧場それぞれが良質乾草を数種類持ち込み、会場では味が異なるそれら良質乾草を与えてバランスを取っている。日本でもそうした努力が必要になっていくのかなと思っている。

ショー会場で食べさせる乾草は数種類用意できればいいが、日本ではなかなか難しい。従って仲間同士でそれらを用意するしかない。結局、いい仲間がいること、仲間づくりが大切になってくる。

ブロンディン牧場でのコンディションづくりについて**表**（次ページ）にまとめたので、参考にしていただきたい。

ショービジネスに徹する北米の出品牧場

―最後にショーに対する欧米と日本の違いを。

渡辺　ビジネスかビジネスでないか―この違いに尽きる。スイスなどヨーロッパではショーはお金持ちの牧場が取り組む例が多く、牧場ごとのプライドのぶつけ合いの要素もあるが、北米では完全にビジネスとしてショーを位置付けている。私が実習したブロンディン牧場では売るために牛を仕上げる。それを買ってくれるお客さんがいる。それは徹底していると感じた。

とにかく自分にとってショーは勝つためのものであり、これからも手加減なく真剣に臨みたい。世界最高レベルの中でもまれてきた経験から、日本のレベルをもっと引き上げ世界水準に近づけたいとも思っている。

写真１　ショー審査当日、乳房の張り具合を確かめる

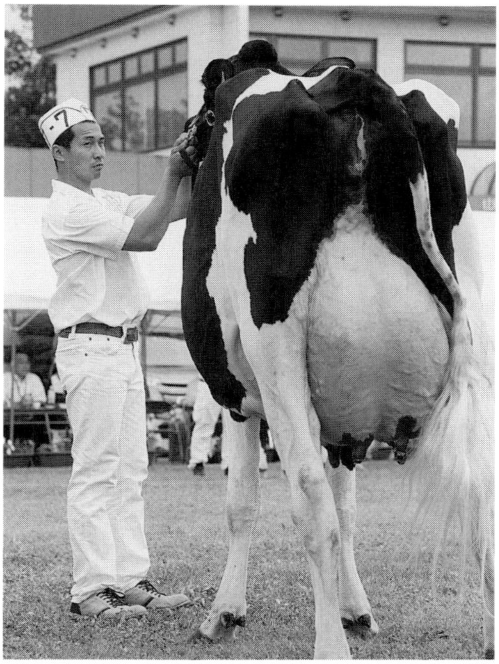

写真２　北米仕込みのリーディングは定評あるところ

表　ブロンディン牧場におけるショーカウを中心にした牛の管理

生まれた子牛の管理

・初乳は脱脂粉乳もしくは白血病フリーの母乳
（分娩した牛は全て白血病の検査を実施）
・個別にハッチで飼育
・ミルクは１日２回給与で、１回当たり約２リットル
・スターターと水は常に飲食できる状態にする
・スターターの食いつきが良くなれば１日２キロ
・ゲノム値が期待できる子牛（雄、雌）はゲノム検査を実施
・３カ月で離乳し、５、６頭を群で管理
・スターターは１日３キロで、乾草と高タンパクのサプリメント
・毛刈りを行うことにより食欲が増す

育成牛の管理

・５～６カ月で育成舎に移動
・10 ～ 15頭を群で管理
・１日配合飼料３キロ＋高タンパクサプリメント少々＋乾草
・12カ月程度で種付け（移植）し牛舎へ
・グラスサイレージ、トウモロコシサイレージをミキサフィーダで給与し、ミネラルと高タンパクのサプリメントを与える

ショーカウの管理

①30頭のつなぎ牛舎に独房が８つ

・配合飼料は１日３回給与
　朝：配合飼料に１番乾草とアルファルファサイレージ
　昼：配合飼料に２番乾草
　晩：配合飼料にサイレージと乾草（足りなければ１番乾草を少々与える）
・昼作業の前に牛洗いと毛刈り

②ショーバーンとは別に搾乳牛舎

・60頭つなぎ牛舎
・レシピエント牛、高ゲノム牛、ショーカウの一部を管理
・朝と晩、１日２回TMRを給与
・TMRの利点：分離給与に比べて高カロリーなので採卵するドナー牛にとっては栄養バランスが良い。泌乳後期のショーカウにとっても体づくりに最適
・分娩したレシピエント牛は、分娩後２週間ほどで搾乳専門農家へ販売

ショー間近の管理

・会場入りするのは約１週間前
・デーリィエキスポ（マディソン）などの長距離遠征の場合は約10日前に会場入りし、約12時間おきに水と餌を与え、１時間程度の休憩をとる
・最低限の薬品などを常備する（鎮痛剤、ブドウ糖、カルシウム剤、オキシトン、ビタミンB_{12}、乳房炎軟こう、下痢止め、グリコールなど）

ショー会場到着後①

・配合飼料は１日４回に分け、１回当たり約３キロ給与する
（朝５時→昼12時→夕５時→夜９時）
・牧草は１番乾草とアルファルファのラップを交互に少しずつ小分けにして、常に新しい乾草を与え続ける
・残った乾草は１日１回取り換える
・未経産牛は１番乾草のみを与える
・ビタミンB_{12}を投与する（疲労回復と乳量アップ）

ショー会場到着後②

・牛洗いは１日２回（朝と夜）、夜は水で軽く洗い流す程度
・牛は洗われることで体が刺激され、食欲が増す
・毛刈りは審査日の約１週間前に全刈りし、さらに審査の２、３日前にもう一度全刈りする
・経産牛は約１ミリ刃で体と四肢を、乳房は50番の替え刃で刈る
・未経産牛は約２ミリ刃で体全体を、四肢は約１ミリ刃で刈る
・全て刈り終わったら毛と皮膚をケアするためリバイブを体全体にスプレーする

ショー当日の管理（乳房調整）①

・ショーの２日前の朝に乳房の張り具合を見て、乳房を張らす時間を決める
・少し張らせることで乳房の皮膚が収縮し、次回に張らせたときに乳房に余裕ができてぼやけない

ショー当日の管理②

・作業は夜中に早めにスタート。牛洗いは寒い時には前日の夜に終わらせる
・朝早めに配合飼料、乾草、アルファルファのラップを与え続ける
・食いが止まったら、ビートパルプや配合飼料を振りかけながら食べさせ続ける
・未経産牛はそれまで乾草のみの給与なので、アルファルファやサイレージを早めに与えることで食べ続ける。食いが止まったら経産牛と同様にビートパルプや配合飼料を振りかけながら食べさせ続ける
・TMRを与える場合（日本のみ）は、朝早めに乾草と普段給与しているTMRに濃いめのTMRと配合飼料やサプリメントを与えて仕上げる

出典：渡辺雄大（2018）「北米に見るショーカウの管理」から抜粋

乳牛の見方
——体型審査標準と線形評価法スコア

長命連産・高い泌乳能力を発揮する乳牛は、例外なく「機能的体型」(骨格、乳器の付着・形状、肢蹄など)が優れています。ここでは、「体型審査標準(ホルスタイン種雌牛審査標準)」、および体型各部位の特徴を示す「線形評価法」のスコアについて説明します。

1　体型審査標準(ホルスタイン種雌牛審査標準)

乳牛を飼養し生活の糧の大半を乳生産によって得ている酪農家が乳牛に求める第1の要素は高い泌乳能力でしょう。近年、乳牛の遺伝的改良が進み、泌乳能力は目覚ましく向上しました。半面、長期にわたる不受胎、分娩間隔の長期化など繁殖成績の停滞、低下が顕著となり経済動物としての乳牛の短命化が懸念されています。乳牛が生まれてから育成期間を経て分娩に至るまでの償却費を勘案すると、1、2産の乳生産では収益は望めません。長きにわたりお産を繰り返し(長命連産)、高い泌乳能力を発揮することが酪農経営にプラスをもたらすと言えます。

長命連産でその間、高い泌乳能力を発揮するには健康で骨格のしっかりした体型と付着・形状に優れた乳器、丈夫な肢蹄―などが求められます(機能的体型)。ここに体型の重要性を見いだすことができます。機能的体型は日常の飼養管理や搾乳管理の作業効率を高める観点からも重要です。

わが国では(一社)日本ホルスタイン登録協会が体型各部位の機能性を評価する体型審査標準(ホルスタイン種雌牛審査標準)を定めています。体型審査はこの審査標準に沿って行われます。体型審査を補完するのが後述する線形審査評価法で、体型の特徴をより明確に表示するもので1986年から実施されています。

体型審査標準、線形審査評価法を理解する

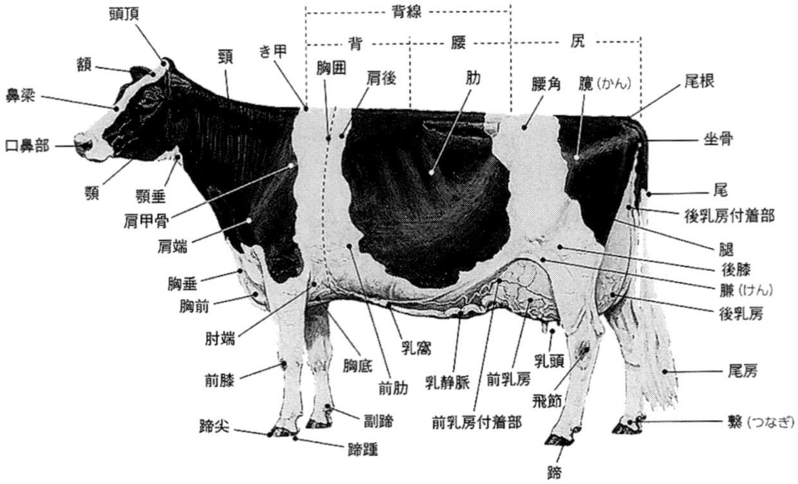

図1　乳牛の体各部の名称

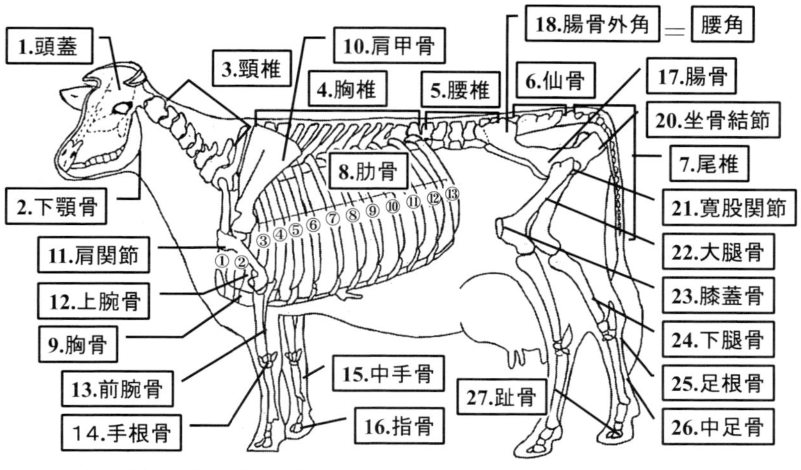

図２　骨格を形成する骨の名称

写真１　ホルスタイン雌牛理想体型
６歳（４～５産、分娩後５カ月）
乳量9,500㌔以上

第一歩は乳牛の体各部の名称、骨格を形成する骨の名称を正確に覚えることです（**図１、２**）。

ホルスタイン種雌牛審査標準は、体貌と骨格、肢蹄、乳用強健性、乳器─の４大区分（得点形質）と14の小区分で構成されます。４大区分の重み付けは次の通りで、これらの評価結果により決定得点が計算されます。

[得点形質]

体貌と骨格（Frame）：25点

肢蹄（Feet and Legs）：20点

乳用強健性（Dairy Strength）：15点

乳器（Udder）：40点

合計：100点

決定得点（Final Score）＝（体貌と骨格%×25）＋（肢蹄％×20）＋（乳用強健性％×15）＋（乳器%×40）

写真１にホルスタイン雌牛理想体型を示しました。６歳（４～５産・分娩後５カ月）で乳量は9,500㌔以上と条件設定しています。乳量9,500㌔は少々低いと感じるかもしれません。しかし、１、２産時に１万2,000、１万5,000㌔も搾らなくても長きにわたり泌乳し経営に貢献する、さらに産次が進むに応じて体が充実していく─これが審査標準の考え方です。まずは理想体型をしっかり頭に焼き付けましょう。

理想体型をしっかりイメージしたなら、そこに至るプロセスを思い描きましょう。このプロセスの目安となるのが、日本ホルスタイン登録協会が示すホルスタイン雌牛・月齢別標準発育値（**表１**）です。この発育値は生時から60カ月齢までのホルスタイン雌牛の膨大な実測データから得られ、体重、体高、尻長、腰角幅、胸囲の５部位について標準発育値（平均値）とその範囲（平均値±標準偏差）を設定しています。

表１　ホルスタイン種雌牛・月齢別標準発育値

月齢	区分	体重（kg）	体高（cm）	尻長（cm）	腰角幅（cm）	胸囲（cm）
生時	平均値	40	75.1	23	17.1	78.9
	範　囲	34.2-45.8	71.4-78.8	21.2-24.8	15.4-18.8	74.9-82.9
１月	平均値	56.3	80.6	25	18.8	87.3
	範　囲	47.1-65.5	76.9-84.3	23.2-26.8	17.1-20.5	83.3-91.3
２月	平均値	76.5	86.2	27.3	21.2	96.6
	範　囲	62.5-90.5	82.5-89.9	25.5-29.1	19.5-22.9	92.5-100.7
３月	平均値	98.6	91.3	29.4	23.5	106.4
	範　囲	82.6-114.6	87.5-95.1	27.6-31.2	21.8-25.2	101.2-109.6
４月	平均値	122.2	96.1	31.4	25.7	113.6
	範　囲	103.2-141.2	92.3-99.9	29.6-33.2	23.9-27.5	109.3-117.9
５月	平均値	146.9	100.5	33.3	27.8	121.2
	範　囲	124.9-168.9	96.7-104.3	31.5-35.1	26.0-29.6	116.9-125.5
６月	平均値	172.4	104.5	35.1	29.8	128.3
	範　囲	151.2-193.6	100.7-108.3	33.3-36.9	28.0-31.6	123.9-132.7
８月	平均値	224.6	111.6	38.3	33.5	141.1
	範　囲	198.1-251.1	107.8-115.4	36.5-40.1	31.6-35.4	136.5-145.7
10月	平均値	276.9	117.5	41.1	36.8	152.1
	範　囲	250.3-303.5	113.6-121.4	39.2-43.0	34.9-38.7	147.4-156.8
12月	平均値	327.5	122.4	43.6	39.7	161.5
	範　囲	296.7-358.3	118.5-126.3	41.7-45.5	37.8-41.6	156.6-166.4
14月	平均値	375.1	126.5	45.6	42.3	169.3
	範　囲	342.7-407.5	122.6-130.4	43.7-47.5	40.3-44.3	164.3-174.3
16月	平均値	418.8	129.8	47.4	44.5	175.9
	範　囲	387.0-450.6	125.8-133.8	45.5-49.3	42.5-46.5	170.7-181.1
18月	平均値	458	132.5	48.8	46.4	181.3
	範　囲	422.7-493.3	128.5-136.5	46.8-50.8	44.3-48.5	176.0-186.6
24月	平均値	540.3	137.7	51.8	50.6	191.9
	範　囲	496.4-584.2	133.6-141.8	49.8-53.8	48.4-52.8	186.1-197.7
30月	平均値	582.1	140.3	53.6	53	198.2
	範　囲	530.8-633.4	136.1-144.5	51.5-55.7	50.7-55.3	192.0-204.4
36月	平均値	609.4	141.6	54.7	54.5	203
	範　囲	552.3-666.5	137.3-145.9	52.5-56.9	52.0-57.0	196.3-209.7
48月	平均値	651.2	143.2	56.2	56.8	207.5
	範　囲	587.7-714.7	138.7-147.7	53.9-58.5	54.1-59.5	199.9-215.1
60月	平均値	680	144	56.5	58	208.5
	範　囲	613.6-746.4	139.3-148.7	54.0-59.0	55.0-61.0	200.2-216.2

1995年３月作成、範囲は平均値±標準偏差　(一社)日本ホルスタイン登録協会

日本ホルスタイン登録協会の資料によると、近年のホルスタイン雌牛の体型は、育成期の前半では以前に比べてやや小柄でスリムになっており、その後12カ月齢を過ぎて種付け時期、さらには育成後期での増体が目立ちます。そして体の高さや前躯（ぜんく）は以前よりも充実してきましたが、後躯については充実にやや欠ける傾向が見られるとあります。

審査標準の詳細

前段で記したようにホルスタイン種雌牛審査標準は４つの大区分、14の小区分から成り立っています。大区分の重み付けは体貌と骨

格25点、乳用強健性15点、乳器40点、肢蹄20点です。特に近年、世界的に乳牛の生産寿命が短くなっていること、繁殖面における問題が顕著になっていることを反映して世界ホルスタインフリージアン連盟は体型審査において乳器40点以上、肢蹄20点以上の重み付けをするよう加盟各国に通達、わが国の審査標準もこれに沿う形で2007年に改定されました。

以下、４大区分について詳細を紹介します。

[体貌と骨格：25点]

品種としての適度な大きさと強さを持ち、雌牛らしく、姿勢は優美で、各部の釣り合いが良く生き生きとして品位に富み、性質が温順なもの

姿・形と骨の構造を評価します。以前は一般外貌と呼ばれていました。

■頭：２点

長さは中等で、輪郭の鮮明なもの

額は広く適度にくぼみ、鼻梁は真っすぐで、眼（め）は生き生きとして大きく、まぶたは薄く、温和で耳は中等の大きさで形と質が良く、機敏に動き、鼻鏡は広く、鼻孔は大きく、下顎は強く鮮明なもの

配点は２点と少ないものの乳牛の活力を示し、強健性にも通じるものがあります。また頭の長さは背、腰、尻の長さを現すともいわれます。

<好ましくない頭>

・粗野な頭：額が狭く、口先も細く力強さに欠け粗野で眼は活気に欠ける（餌の食い込みが劣る）

・短い頭：鼻梁が短い牛は体躯全体がコンパクトになりがち

・鯉口：顔の輪郭と品位は良くても、口角は切歯が見えて鯉口（下唇が出ている）の牛はかみ合わせが悪く重大な欠点となる

■肩・背・腰：７点

肩：（肩甲骨の）長さは中等で付着が良く、胸およびき甲への移行が滑らかで、肩後は良く充実し、中躯との結合が良いもの（**写真２**）

背：強く、真っすぐで長く、棘突起（きょくとっき＝き甲部に現れるトゲ状の突起）がよく現れるもの

腰：横突起は良く発達し、広く、長く、ほとんど平らで強いもの

※腹部の支えが強いといわれる

<肩の弱い牛>

肩付きが弱い牛、脇の締りが甘く肩端が開いた牛などは強健性に欠けるといわれる

<背腰の弱い牛>

写真２　肩付きと背腰の強い牛
肩付きが良く、頸から肩、肩から肋への移行が滑らかで、背線は真っすぐで強い

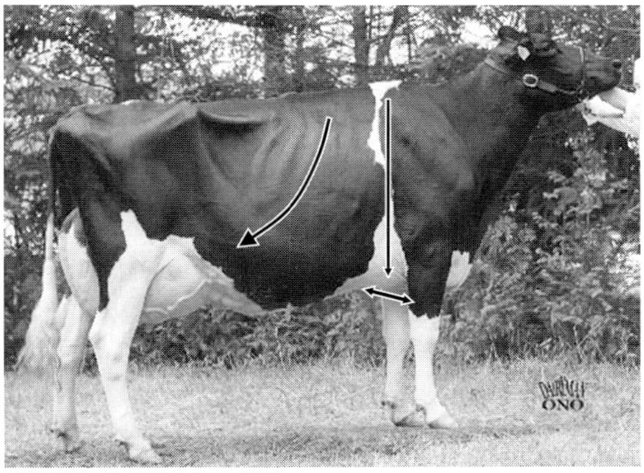

写真３　強い胸、充実した肋腹の乳牛

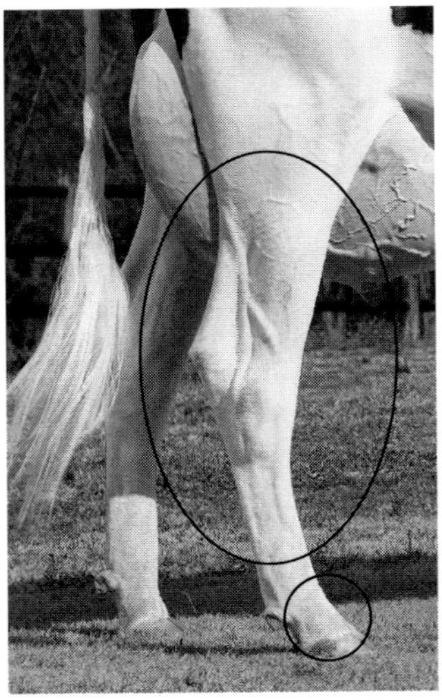

写真4　好ましい後肢。輪郭鮮明で、よく乾燥し、飛節は幅広く適度に角度がある。管は平骨で骨量に富み、腱は明らかに現れる。繋は中等の長さで、強く、弾力がある

背腰が弱く背線が緩んでいる牛は尻の位置が高くなり繁殖性が劣るといわれる。逆に背が盛り上がっている（鯉背）牛は持久力に欠けるといわれる

■胸・肋腹：６点

胸：深く、胸低は広く、脇が充実しているもの

肋腹：深く、強く支えられ、腹は後方へ深く、広くなっているもの（開張度）

胸には心肺機能が収まっており、ここでつくられた血液は乳房に送られ乳に変換されます。肋腹には餌の食い込みを左右する消化器が収まっています（前ページ**写真３**）。

■尻：10点

腰角から坐骨にかけて適度に傾斜し、長く広く充実したもの

尻には産道があり、分娩の程度を左右するなど繁殖面への影響が大きい部位です。また下部に乳器が収まるため幅、長さが望まれます。

腰角：広く、背腰とほとんど水平で、粗大でなく適度に現れるもの

髖：幅広く、腰角と坐骨端からほぼ等距離で、適度の高さに位置するもの

坐骨：坐骨間が広く、腰角よりやや低く、輪郭鮮明で、臀部（でんぶ）は平らで広いもの

腰角から坐骨端にかけて４センチほど下がっているのが好ましいといわれます。腰角、坐骨、髖を結ぶ三角形は肢蹄の運動機能とも重要な関係があります。近年、髖の位置が後ろにある乳牛が多い傾向があり、後肢の踏み、歩様に影響しているといわれます。

尾：長く、次第に細く、尾房は釣り合いが良く、豊かなもの

陰門：ほぼ垂直に位置するもの

<好ましくない尻>

・仙骨が高く尾付きが深い
・仙骨から尾にかけて曲がっている（曲尾）
・腰角欠損
・坐骨が腰角よりも高く（ハイピン）、尾根の付き方が深い
・髖の位置が低く、坐骨が腰角より極端に低い（斜尻）

［肢蹄：20点］

肢の長さは体の深さと釣り合い、肢勢は正しく、広く立ち輪郭鮮明で強く、歩様は確実なもの

肢蹄の良しあしは持久力に関係し、泌乳能力にも影響し、廃用に至る大きな要因の１つに挙げられます。

写真５　乳用強健性に富んだ牛
体全体の輪郭が鮮明で伸び伸びとして鋭角的で顎は薄く、棘突起が良く発達し、肋は良く開張して股間が広い。皮膚・被毛も良好

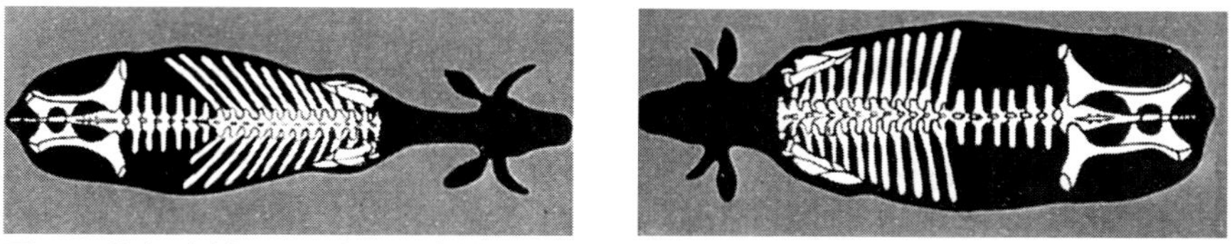

図３　乳牛（左）と肉牛の骨格構造の違い
乳牛は肉牛と比較して肋骨間が広く、肋骨は幅広く、平たく、長い。前肋は良く張り、後肋は斜め後方によく開張している

■肢：10点

前肢：真っすぐなもの

肩端から下ろした垂線が前膝の中央を通り、蹄を二分する位置にあるのが好ましいとされます（胸低が広い）。

<好ましくない前肢>

・前膝がＸ状で蹄尖が外向きのもの

後肢の踏み：臗から下ろした垂線が蹄の中間にあり、後望して肢間が広く、ほぼ真っすぐなもの（**写真４**）

<好ましくない後肢>

・曲飛　クッション性はあるものの蹄踵を傷める場合が多々ある

・直飛　クッション性に欠ける

・Ｘ脚　左右の飛節端が接近しているため乳房が張った状態では乳房に負担をかける

■蹄：10点

角度：適度な角度を持ち蹄底が平らなもの

大きさ：形良く幅があり、蹄踵はほどよい厚さで趾間の締まりの良いもの

質：光沢があり緻密なもの

蹄冠部：よく締まり鮮明なもの

[乳用強健性：15点]

体全体に活力があり、乳用牛としての強さを示し、泌乳の時期に応じて適度の肉付きと飼料の高い利用性を現すもの（**写真５**）

乳牛の体型上の特徴を示すものとして３つのくさび形が挙げられます（**写真６**）。１つは背線と胸から下腹部にかけたライン、１つは俯瞰（ふかん）した場合、１つはき甲部から肋腹にかけてのラインです。このように側

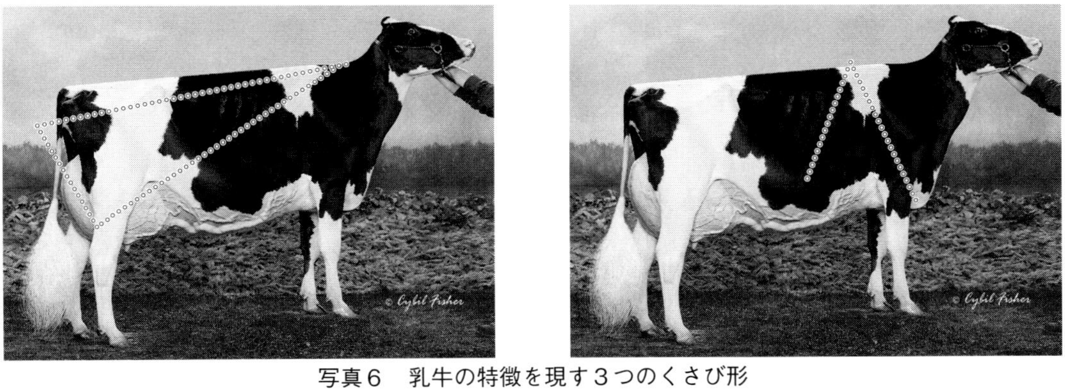

写真６　乳牛の特徴を現す３つのくさび形

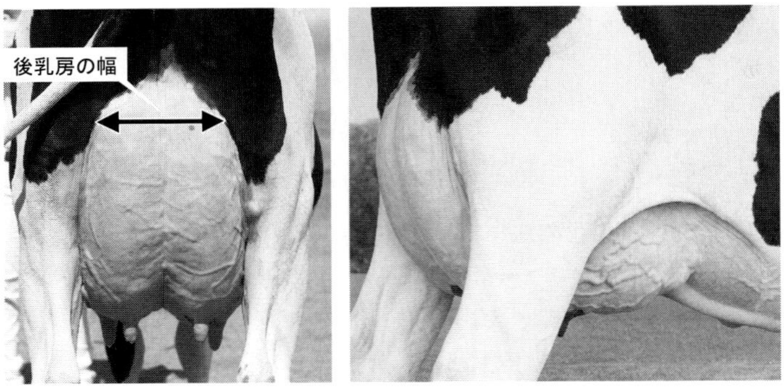

写真７　好ましい後乳房
高く、広く、強く付着し、上方から下方へ一定の幅がある（左）。後方へわずかに丸みを帯びている（右）

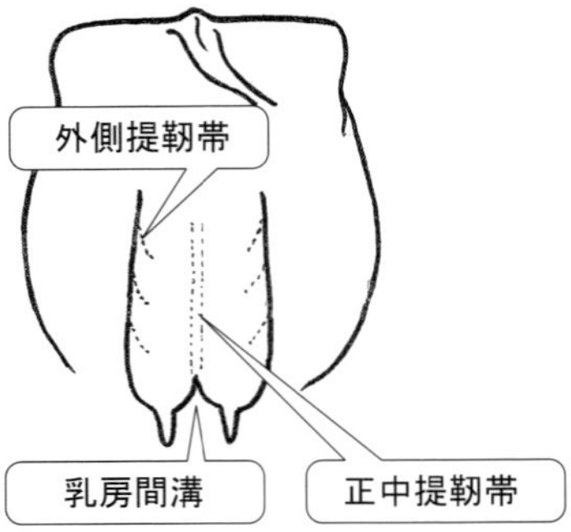

図４　乳房の懸垂
正中提靭帯の強さは乳房間溝と乳房底面により判定する

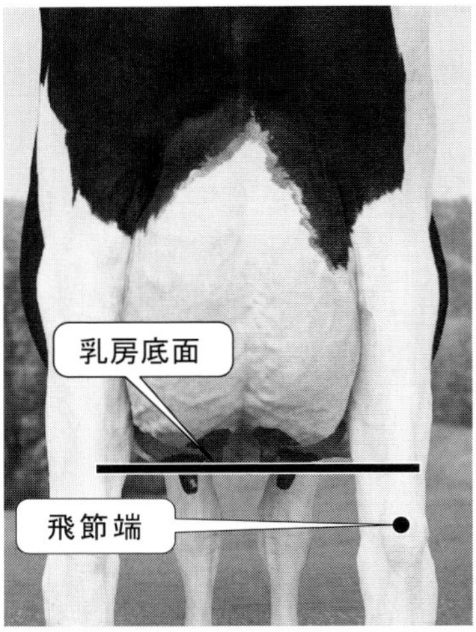

写真８
乳房の深さ
乳房底面は４乳区ともに水平で、飛節端より高く、損傷事故などを考慮すると飛節端より下がってはならない

方、前方、上から乳牛を見ると３つのくさび形が分かります。

前ページ**図３**に乳牛と肉牛の骨格構造の違いを示しました。世界ホルスタインフリージアン連盟は乳牛の特徴である肋の開張度と角度を重視しています。

■頸・き甲・肋・膁・腿：12点

頸：長く、薄めで、肩と胸へ滑らかに移行し、咽喉（いんこう）、胸垂の輪郭が鮮明なもの

き甲：鮮明で、肩甲骨の上縁とそれよりやや高めの棘突起がほどよいくさび形となるもの

肋：肋骨間が広く、肋骨は幅広く、平たく、長いもの。前肋は良く張り、後肋は斜め後方によく開張したもの

膁：深く、鮮明なもの

腿：外側は平たく、適度に充実し、後望して股間が広く、内側に軽く湾曲し、良く切れ上がっているもの

■皮膚・被毛：３点

皮膚：ゆとりと弾力性があり、薄めなもの

被毛：細密で光沢のあるもの

［乳器：40点］

乳房の付着が強く、よく発達し、４乳区が釣り合い、質が良く、長年にわたり高い生産能力を現すもの

乳器の付着と形状の良しあしは生産寿命や生涯乳量を大きく左右します。

■前乳房：７点

腹壁に強く付着し、長さは中等で、適度の容積があるもの

※前乳房の付着点は腰角から下した垂線よりやや前方にあるのが理想。乳房の長さは尻長と関連深い

■後乳房：８点

高く、広く、強く付着し、上方から下方にかけて一定の幅を持ち、わずかに丸みを帯びているもの（**写真７**）

※後乳房の幅は付着点で判定する

■乳房の懸垂：５点

乳房を左右２等分する間溝が明瞭に現れ、

靭帯（じんたい）の強いもの

仮に日量70キロを泌乳していれば、成年男子1人を正中提靭帯と外側提靭帯で支えているのと同じことでこれら靭帯の強さは長命性に大きく影響します。**図4**に乳房靭帯と乳房間溝を示しました。

■乳房の深さ：9点

底面が水平で、飛節端よりやや高いもの

乳房の中で生涯寿命に最も影響する形質です。乳房底面は後望して4乳区の中で最も深い乳頭基部で判定します。**写真8**に乳房の深さを示しました。

■乳房の質：3点

柔軟で弾力に富み、搾乳直後よく収縮するもの

■乳頭：8点

太さと長さが適度で、よくそろい、円筒形で、各乳区の中央に配列し、垂下しているもの

手搾りからミルカ、さらにロボット搾乳時代を迎え、乳頭の形状・配置は管理形質の中でウエートが高まっています。

好ましい乳頭の条件を列挙しました。

・長さは6センチ程度
・太さは大人の親指大
・形は円筒状
・各分房の中央に配置
・真っすぐに垂下
・前後乳頭が平行
・弾力があり、搾りやすい

<好ましくない乳頭>
・太くて長い
・方向が悪い（内向き、外向き）
・融合乳頭（乳頭基部に副乳頭が付いている）は遺伝不良形質で、大きな減点の対象となる

審査標準について4大区分ごとに解説しました。次ページ**表2**にそれらを要約しました。

最後に体型審査において多くの皆さんが目標としている決定得点90点以上（エクセレント）格付け時の条件を列挙しました。

・産次において正常分娩で3産以上であること
・泌乳能力において305日で乳量9,500キロ以上であること
・遺伝性の不良形質（けいれん肢、融合乳頭など）を持っていないこと

本稿は(一社)日本ホルスタイン登録協会ホームページ「体型審査とは」「ホルスタインの見方」をベースとし、2018年に開催された第10回乳牛改良・審査のサクセッサープログラム（共催・北海道ホルスタイン農業協同組合、酪農学園大学、(一社)ジェネティクス北海道）で収録した「ホルスタイン種雌牛審査標準と線形審査法」（講師／北海道ホルスタイン農協審査部長・小泉俊裕氏）から抜粋して構成しました。

表２　ホルスタイン種雌牛審査標準

区　　分		評点	説　　明	
体貌と骨格 25 品種としての適度な大きさと強さを持ち、雌牛らしく姿勢は優美で、各部の釣り合いが良く生き生きとして、品位に富み、性質が温順なもの	頭	（2）	長さは中等で、輪郭の鮮明なもの 額は広く適度にくぼみ、鼻梁は真っすぐで、眼は生き生きとして大きく、まぶたは薄く、温和で、耳は中等の大きさで形と質が良く、機敏に動き、鼻鏡は広く、鼻孔は大きく、下顎は強く、鮮明なもの	
	肩・背・腰	（7）	肩	長さは中等で、付着が良く、胸およびき甲への移行が滑らかで、肩後はよく充実し、中躯との結合のよいもの
			背	強く、真っすぐで長く、棘突起がよく現れるもの
			腰	横突起はよく発達し、広く、長く、ほとんど平らで強いもの
	胸・肋腹	（6）	胸	深く、胸底は広く、腋の充実しているもの
			肋　腹	深く、強く支えられ、腹は後方へ深く、広くなっているもの
	尻	(10)	腰角から坐骨にかけて適度に傾斜し、長く広く充実したもの	
			腰　角	広く、背腰とほとんど水平で、粗大でなく適度に現れるもの
			臗	幅広く、腰角と坐骨端からほぼ等距離で、適度の高さに位置するもの
			坐　骨	坐骨間が広く、腰角よりやや低く、輪郭鮮明で、臀は平らで広いもの
			尾　根	坐骨間のやや上部に形良く位置し、上縁はほとんど水平なもの
			尾	長く、次第に細く、尾房は釣り合いがよく、豊かなもの
			陰　門	ほぼ垂直に位置するもの
肢　　蹄 20 肢の長さは体の深さと釣り合い、肢勢は正しく、広く立ち、輪郭鮮明で強く、歩様は確実なもの	肢	(10)	前　肢	真っすぐなもの
			後肢の踏み	臗から下ろした垂線が蹄の中間にあり、後望して肢間が広く、ほぼ真っすぐなもの
			飛節・管	飛節は鮮明で、適度な角度と幅があり、管は平たくよく締まり、腱は明らかに現れるもの
			繋	中等の長さで、強く、弾力があるもの
	蹄	(10)	角　度	適度の角度を持ち、蹄底が平らなもの
			大きさ	形良く幅があり、蹄踵はほどよい厚さで趾間の締まりのよいもの
			質	光沢があり緻密なもの
			蹄冠部	良く締まり鮮明なもの
乳用強健性 15 体全体に活力があり、乳用牛としての強さを示し、泌乳の時期に応じて適度の肉付きと飼料の高い利用性を現すもの	頸・き甲・肋・膁・腿	(12)	頸	長く、薄めで、肩と胸へ滑らかに移行し、咽喉、胸垂の輪郭が鮮明なもの
			き　甲	鮮明で、肩甲骨の上縁とそれよりやや高めの棘突起がほどよいくさび形となるもの
			肋	肋骨間が広く、肋骨は幅広く、平たく、長いもの。前肋はよく張り、後肋は斜め後方によく開張したもの
			膁	深く、鮮明なもの
			腿	外側は平たく、適度に充実し、後望して股間が広く、内側に軽く湾曲し、よく切れ上がっているもの
	皮膚・被毛	（3）	皮　膚	ゆとりと弾力があり、薄めなもの
			被　毛	細密で光沢のあるもの
乳　　器 40 乳房の付着が強く、よく発達し、４乳区が釣り合い、質が良く、長年にわたり高い生産能力を現すもの	前　乳　房	（7）	腹壁に強く付着し、長さは中等で、適度の容積があるもの	
	後　乳　房	（8）	高く、広く、強く付着し、上方から下方にかけて一定の幅を持ち、わずかに丸みを帯びているもの	
	乳房の懸垂	（5）	乳房を左右に２等分する間溝が明瞭に現れ、靭帯の強いもの	
	乳房の深さ	（9）	底面が水平で、飛節端よりやや高いもの	
	乳房の質	（3）	柔軟で、弾力に富み、搾乳直後はよく収縮するもの	
	乳　　頭	（8）	太さと長さが適度で、よくそろい、円筒形で、各乳区の中央に配列し、垂下しているもの	
合　　計		100		

2007年４月１日改正　　㈳日本ホルスタイン登録協会

2　線形評価法

わが国で1986年に始まった線形評価は１～９の数値（スコア）を用いて体型各部位の特徴を現すものです。例えば尻の評価において斜尻で減点されたのか、坐骨が高くて減点されたのか、決定得点では示すことはできません。坐骨が高いのか、斜尻気味なのか、その程度を示すのが線形評価です。

線形評価形質は24の主要形質と13の調査形質で構成されます。主要形質には世界ホルスタインフリージアン連盟が定めた国際標準形質が含まれます。

審査標準の４大区分ごとに22の主要形質と13の調査形質を分類しました。

[主要形質]（※ 国際標準形質）

■体貌と骨格■

・高さ ※（Stature）
・胸の幅 ※（Chest Width）
・体の深さ ※（Body Depth）
・尻の角度 ※（Rump Angle）
・坐骨幅 ※（Pin Bones Width）

■肢蹄■

・後肢側望 ※（Rear Legs Set）
・後肢骨質（Bone Quality）
・後肢後望 ※（Rear Legs Rear View）
・蹄の角度 ※（Foot Angle）
・蹄踵（ていしょう）の厚さ（Heel Depth）
・歩様 ※（Locomotion）

■乳用強健性■

・鋭角性 ※（Angularity）
・胸の幅 ※（Chest Width）
・体の深さ ※（Body Depth）

■乳器■

・前乳房の付着 ※（Fore Udder Attachment）
・後乳房の高さ ※（Rear Udder Height）
・後乳房の幅（Rear Udder Width）
・乳房の懸垂 ※（Udder Support）
・乳房の深さ ※（Udder Depth）
・乳房の傾斜（Udder Tilt）
・前乳頭の配置 ※（Front Teat Placement）
・後乳頭の配置 ※（Rear Teat Position）
・乳頭の長さ ※（Teat Length）

■ボディーコンディションスコア■

・ボディーコンディションスコア（Body Condition Score）

[調査形質]

■体貌と骨格■

・前躯の高さ
・肩の付着
・背腰の強さ
・尾根の位置
・陰門の角度

■肢蹄■

・けいれん肢
・後肢浮腫
・繋
・後肢の踏み
・巻き蹄
・開き蹄

■乳器■

・乳房バランス・盲乳
・融合乳頭

[各部位の評価法]

次に各部位における評価のポイントを列挙しました。

◆高さ

高さは背線と腰角が交わる十字部高を測定し評価する（**図５**）

高さ142センチをスコア５とし、そこから３センチ上下

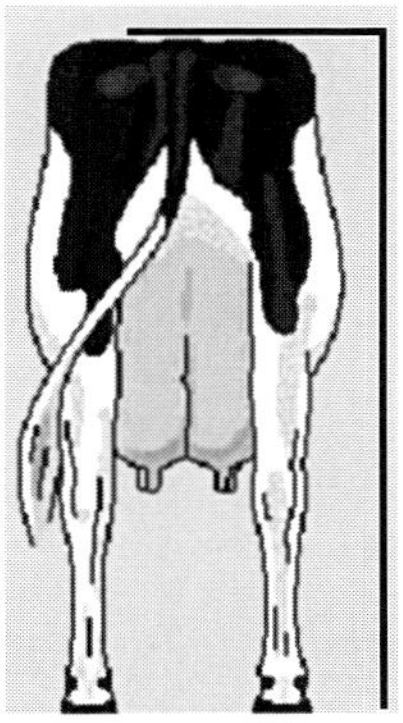

図５　高さの測定

するごとに1ポイント加減して評価する。

※体高は普通、き甲部の高さで測定するが、線形評価の高さは世界ホルスタインフリージアン連盟の定めにより十字部高で測定する

スコア　9：高い
　　　　　極端に高い（154センチ以上を9）
　　　　7：やや高い
　　　　5：中等度（142センチ）
　　　　3：やや低い
　　　　1：低い（130センチ以下）

◆胸の幅（強さ）

強さを評価する場合は、主として胸底の広さで評価する（**図6**）

スコア　1：極めて狭い
　　　　5：中等度
　　　　9：極めて広い

◆鋭角性

肋の方向と開張度および平骨の程度を見る

肋が良く開張し、長く、斜め後方に移行したものが好ましい（**図7**）

※肋の開張度と肋の角度の評価割合は60：40

スコア　1：立った肋で骨質と開張に欠ける
　　　　5：中等度の骨質と肋の開張
　　　　9：平骨で極めて斜め後方に開張

◆尻の角度

腰角より坐骨がわずかに低い（4センチ程度）ものをスコア5と評価する（**図8**）

腰角に対して坐骨の位置がわずかに傾斜する適切な角度は繁殖面での問題が少ないといわれる

スコア　1：極めて高い
　　　　5：わずかに低い（4センチ程度）
　　　　9：極めて低い

◆坐骨幅

坐骨端の間の距離を見る（**図9**）

18センチをスコア5として、2センチ上下するごとに1ポイント加減する

スコア　1：極めて狭い
　　　　5：中等度（18センチ）
　　　　9：極めて広い

◆ボディーコンディションスコア

相対的な肥満度と体の構造

雌牛側の繁殖性を予測する形質として重要

スコア　1：極めて痩せている

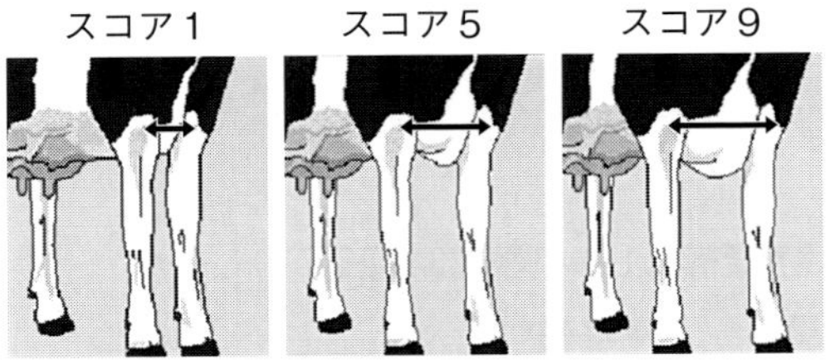

図6　胸の幅（強さ）の評価

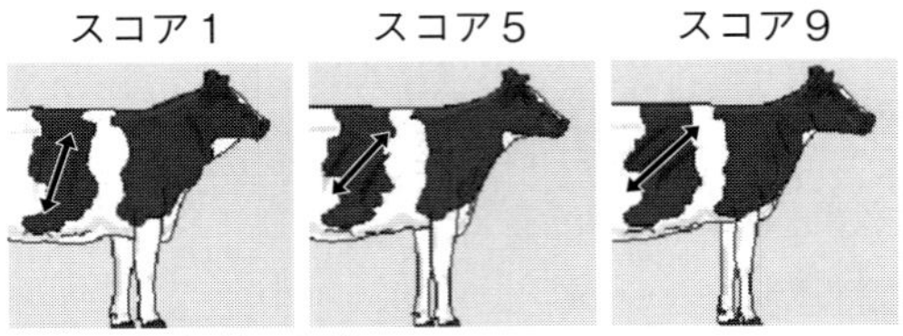

図7　鋭角性の評価

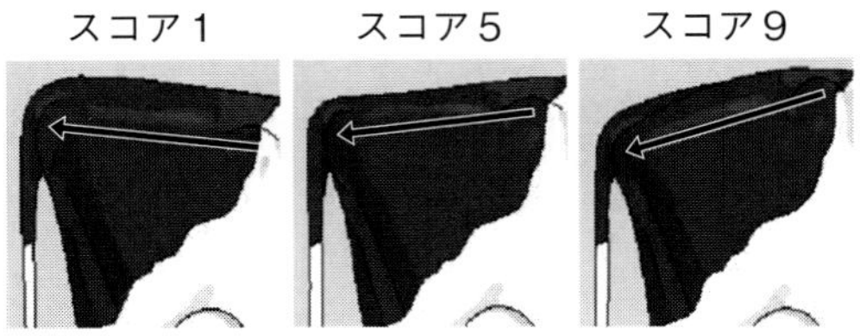

図8　尻の角度の評価

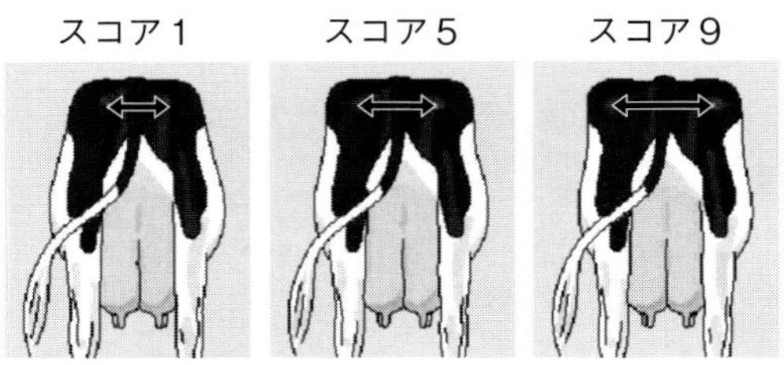

図9　坐骨幅の評価

5：中等度
9：極めて肥満

◆後肢側望

飛節の前部の角度を測定する（**図10**）

※損傷がなく、特徴のある方で見る。肢の踏みは関係しない

直飛は飛節や繋、蹄冠部に負担をかけ、曲飛は飛節部や蹄の形状、後肢の踏みに影響を与え、筋と腱に対し大きなストレスをかける

スコア　1：直飛
5：中等度
9：曲飛

◆骨質

飛節部から管における平骨の程度を見る

飛節は輪郭鮮明で、管は乾燥した平骨で、発達した筋と腱がついたものを高く評価する

スコア　1：輪郭が極めて不鮮明で丸骨
5：中等度
9：輪郭が極めて鮮明で平骨

◆後肢後望

飛節の寄り・蹄尖の方向（**図11**）

後肢を後望し、飛節の内側への寄り具合と蹄尖の方向を見て評価する。飛節の極度の寄りは、起立時のストレスが大きく、乳房を狭く前へ押し出す要因にもなる

スコア　1：極めて寄る
5：やや寄る
平行に近いか、蹄尖がやや外向き
9：飛節が平行

◆蹄の角度

後肢の外蹄と地面の角度で評価する（**図12**）

45度をスコア5とする。左右の角度が異なる場合は、より特徴的な方で評価する。蹄に故障・損傷がある場合は、正常な方を見る。

蹄の角度は乳牛の耐久性に深く関与している。さらに削蹄を必要とする頻度の目安にもなる

スコア　1：角度が極めて小さい
5：中等度
9：極めて立った蹄

◆蹄踵の厚さ

後肢の蹄踵の厚さ（地面との距離）を見る（**図13**）

2.5㌢をスコア5とする

スコア　1：極めて薄い

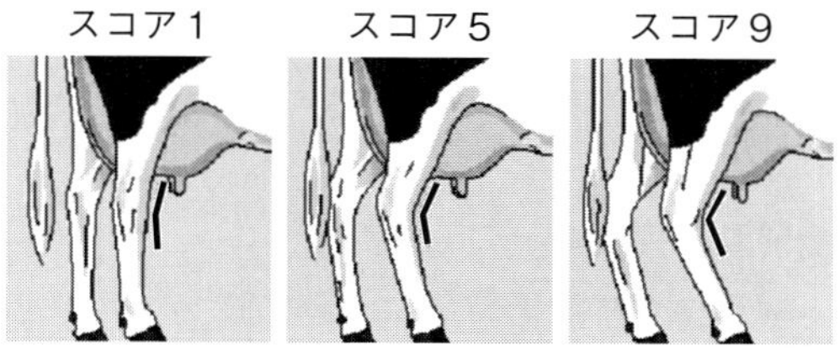

図10　後肢側望

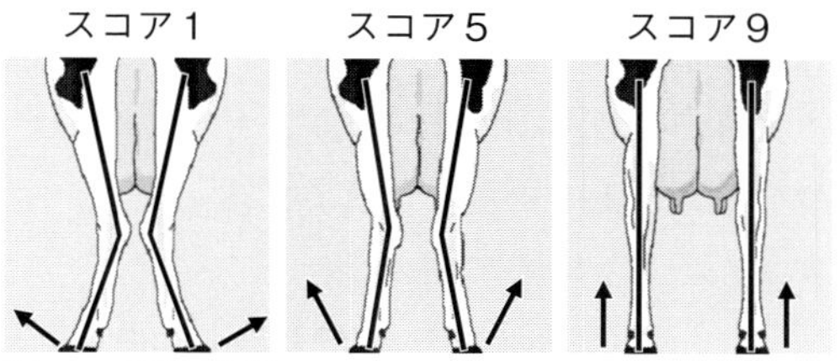

図11　後肢後望

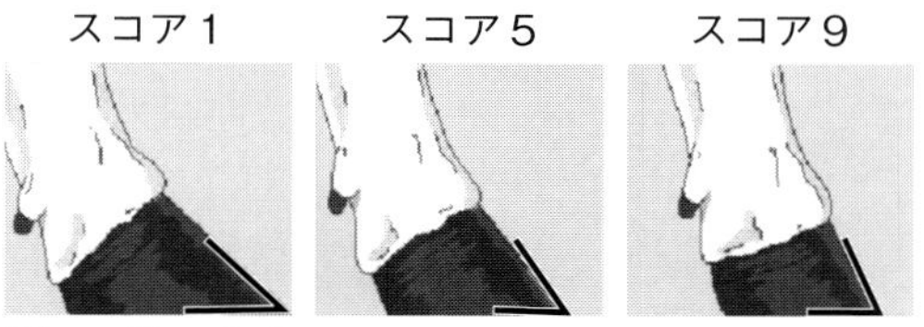

図12　蹄の角度

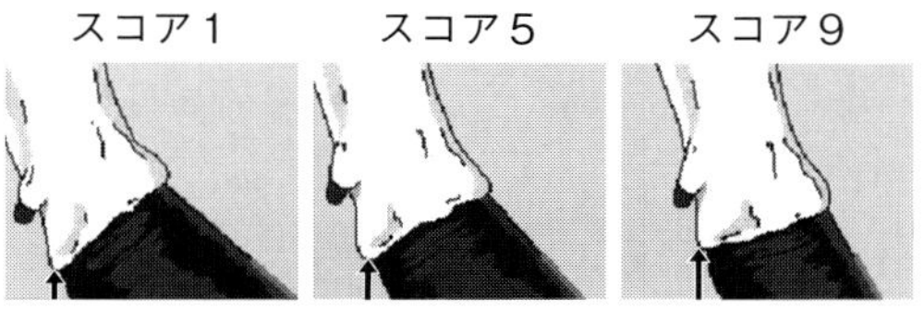

図13　蹄踵の厚さ

5：中等度
9：極めて厚い

◆歩様（ロコモーション）

歩様動作または四肢の運び方を見る
歩様は長命性と相関関係がある
※歩様が生産寿命にどのように影響するかを調査するようになった

スコア　1：故障、跛行（はこう）
2～3：後方から見て極度に外転した歩行
4～6：わずかに外転した歩行と歩幅
7～9：外転しない歩行と歩幅
（蹄尖が真っすぐに歩行する）

※歩行する際、前肢があった位置まで後肢が来るのが最も望ましい

◆前乳房の付着

前乳房が外側提靭帯によって腹壁に強く付着しているか否かを見る（**図14**）
左右で付着の度合いが異なる場合は付着の弱い方で評価する
乳房の深さと損傷に関係があり、牛群の寿命を考える上で重要な形質である

スコア　1：極めて弱い
（腹壁との間に手が入るような付着）
5：中等度
9：極めて強い
（腹壁にスムーズに流れ、付着面積が広い）

◆後乳房の高さ

外陰部の下部と乳腺組織までの距離で評価する
27センチをスコア5として9は20センチ未満。距離が長くなるに従いスコアは小さくなる

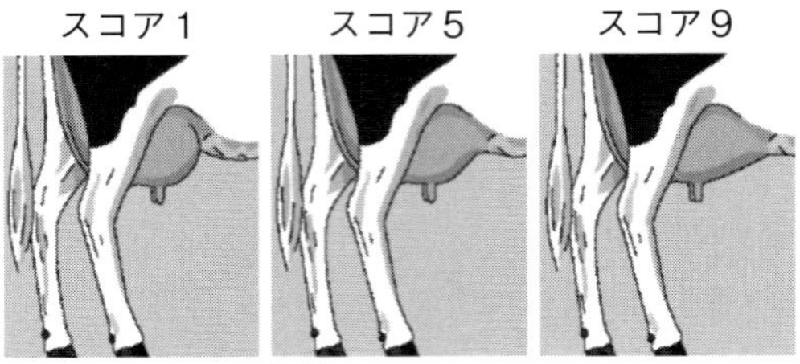

図14　前乳房の付着

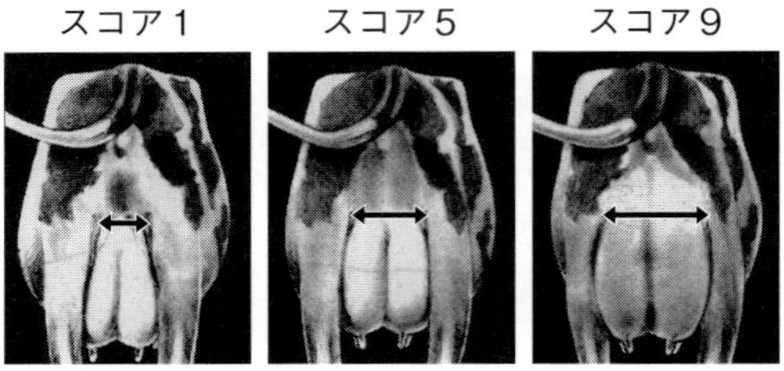

図15　後乳房の幅

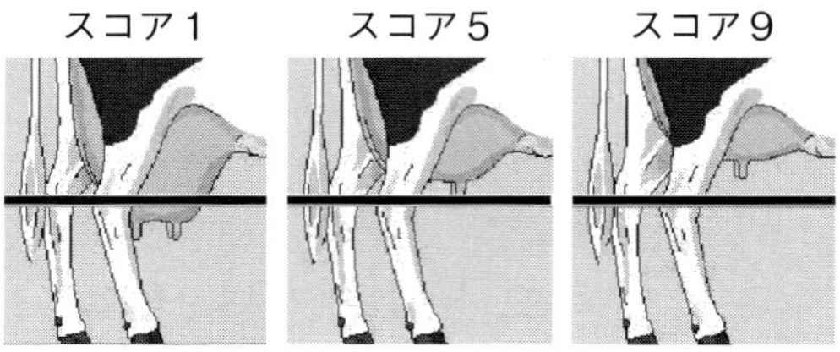

図16　乳房の深さ

◆後乳房の幅

付着点の幅を見る（**図15**）
後乳房の幅は泌乳能力と関係する

スコア　1：極めて狭い（11センチ未満）
5：中等度（15センチ）
9：極めて広い（20センチ以上）

◆乳房の懸垂

正中提靭帯の強さを乳房間溝の深さ（乳頭基部を起点として測定）で評価する
懸垂の強さは、生産寿命と関係する

スコア　1：極めて弱い（1～3：3センチ未満）
5：中等度
9：極めて深く明瞭

◆乳房の深さ

飛節端に対する（4乳区のうち最も深い乳

区の）乳房底面の位置で見る（**図16**）

極度に深い乳房は、作業効率が悪くなり損傷を受けやすくなり乳房炎に罹患（りかん）しやすい

スコア　1：飛節端より下（4㌢）
　　　　5：中等度（飛節端より上5㌢）
　　　　9：飛節端より極めて浅い

※初産牛はスコア7（10㌢）以上が望ましい

◆前乳頭の配置（後望）

前乳頭の配置を見る。後乳頭が乳区の中央に位置していると想定して、前乳頭の位置を後望して評価する。この場合、乳頭方向は考慮しない（**図17**）

乳頭配置が適切なら搾乳作業が容易で乳頭の損傷も少ない

スコア　1：極めて外付き
　　　　5：中央に配置
　　　　9：極めて内付き

※内向きになるに従い、スコアが7、8、9となる

◆後乳頭の配置（後望）

中央に配置されている状態をスコア4、極度に内付きで乳頭がクロス（交差）している場合はスコア9、立ち方により乳頭が接触している場合はスコア8とする（**図18**）

スコア　1：極めて外付き
　　　　4：中等度
　　　　9：内側に付き、常にクロスする

◆乳頭の長さ

前乳頭の基部からの長さで判断する。太さ、形は考慮せず、左右どちらか長い方で評価する（**図19**）

適切な長さの乳頭であれば、搾乳作業が容易で、損傷を受けづらく乳房炎にも罹患しづらい

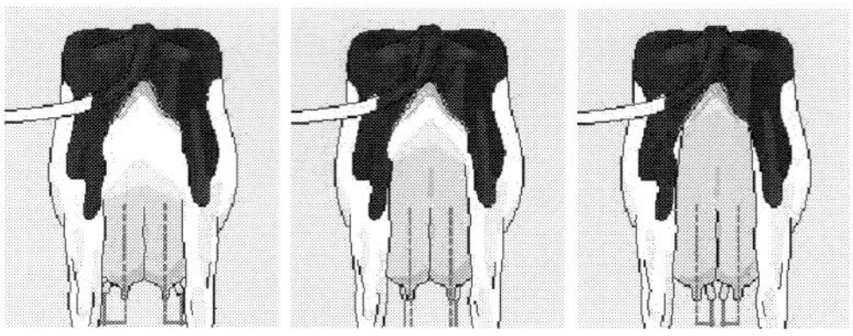

図17　前乳頭の配置

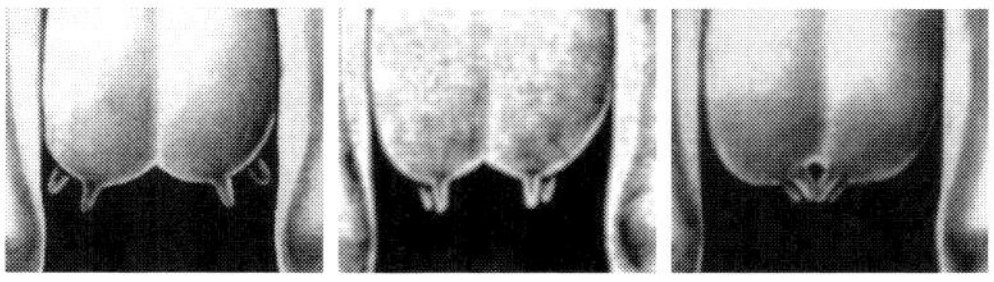

図18　後乳頭の配置（後望）

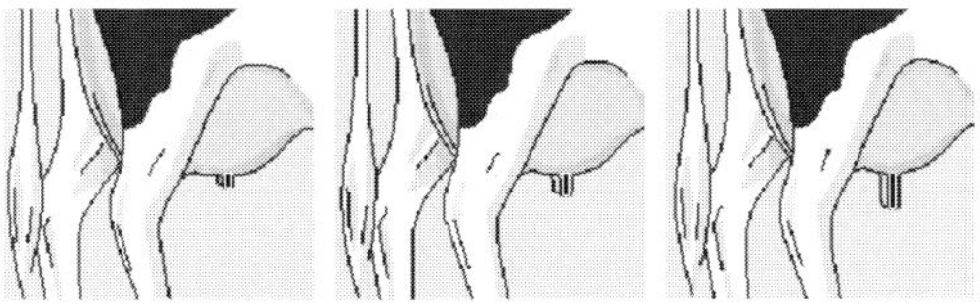

図19　乳頭の長さ

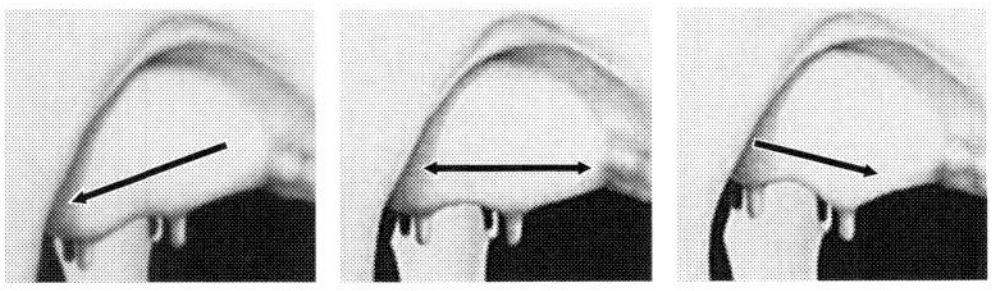

図20　乳房の傾斜（乳房バランス）

スコア　1：極めて短い（1㌢）
　　　　5：中等度（5㌢）
　　　　9：極めて長い（10㌢）

◆乳房の傾斜（乳房バランス）

乳房を側望して前後乳房の底面形状を見る。前後の乳房底面が水平なものをスコア5とする（**図20**）

スコア　1：後乳区へ極めて傾斜
　　　　5：水平
　　　　9：前乳区へ極めて傾斜（逆傾斜）

※乳頭の長さ1本分より後乳頭が下がるに従いスコアは低く、後乳頭より前乳頭の方が低くなるに従いスコアは大きくなる

◆盲乳・機能減退の程度

盲乳の有無と前後左右乳房の機能減退の程度を判断する

スコア　１：前乳区が盲乳
　　　　２：前乳区が重度の機能減退
　　　　３：前乳区が軽度の機能減退
　　　　７：後乳区が軽度の機能減退
　　　　８：後乳区が重度の機能減退
　　　　９：後乳区が盲乳

◆前躯の高さ

き甲部の高さと十字部高を比較する

スコア　１：前躯が高い

◆肩付き

肩の開き具合の程度を見る

肩の開き具合は強健性に影響する

スコア　１：やや開く
　　　　２：極度に開く（羽交い肩）

◆背腰の強さ

背腰の弱さと鯉背の程度を見る

スコア　１：極度に弱い
　　　　２：弱い
　　　　８：盛り背
　　　　９：極度の鯉背

◆尾根の高さ

坐骨に対する尾根の位置を見る

スコア　１：極度に低い
　　　　　（坐骨端に尾根が埋まっている）
　　　　９：極度に高い

◆陰門の角度

陰門の角度のチェック

スコア　１：極度に水平

◆融合乳頭

融合乳頭の有無をチェックする

スコア　１：軽度の融合乳頭
　　　　２：重度の融合乳頭

◆けいれん肢

後肢がけいれんするもの

スコア　１：けいれん肢

◆後肢浮腫

後肢飛節部における浮腫の有無をチェックする

スコア　１：飛節がやや腫れている
　　　　２：極度に腫れている

◆繋（つなぎ）

膁（かん）股関節から垂線を下ろしたときの後肢の位置を見る

スコア　１：極度の後ろ踏み
　　　　２：後踏み
　　　　３：軽い後踏み
　　　　７：軽い前踏み
　　　　８：前踏み
　　　　９：極度の前踏み

◆巻き蹄

巻き蹄の有無をチェックする

スコア　１：わずかな巻き蹄（傾蹄）
　　　　２：極度の巻き蹄

◆開き蹄

開き蹄の有無をチェックする

スコア　１：わずかな開き蹄
　　　　２：極度の開き蹄

※本稿は2018年に行われた第10回乳牛改良・審査のサクセッサープログラム「ホルスタイン種雌牛審査標準と線形審査法」（北海道ホルスタイン農協・小泉俊裕審査部長）を取りまとめたものです。

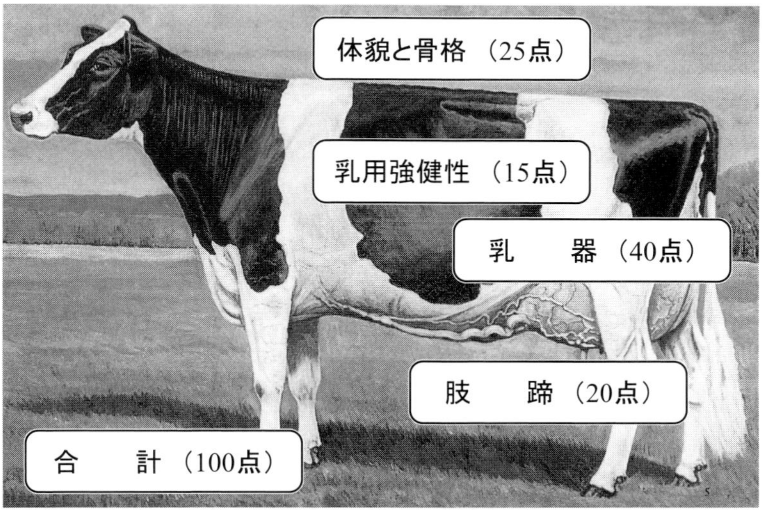
体貌と骨格（25点）
乳用強健性（15点）
乳　器（40点）
肢　蹄（20点）
合　計（100点）

リーディングの実際
ショーリングにおける牛のリード

実技指導　福屋　茂生 さん
(一社)家畜改良事業団
実技協力　尾藤　瑞菜 さん
野地真由美 さん

ショーリングで牛をリードする—リードマンの腕の見せどころです。しかし、勘違いしてはいけません。リングにおける主役はあくまでも牛であり、リードマンはエスコート役であり脇役にすぎないのです。リードマンは自分の役割をしっかり認識しましょう。

■ショーイングのスコアカード■

リーディングをこれから学ぼうとする人たちに有効なツールはあるのでしょうか。

日本がお手本とするアメリカではODCA（乳用種品種協会）が定めた「フィッティングとショーイングのスコアカード」があり、このルールに基づいてリードマン・コンテストが行われ、リードマンの育成に努めているとのことです。

日本でも全国規模でジャッジングコンテストやリードマンを養成するセミナーなどが毎年開かれています。「北海道ホルスタインナショナルショウ」や「北海道B&Wショウ」の開催に併せて若い人たちを対象に行われるリードマン・コンテストもそれに該当するでしょう。それらにも「フィッティングとショーイングのスコアカード」が教書として活用されています。そして、これらセミナーなどを通して育った若い人たちがショーマンとして現在、ショーリングで活躍しているのは周知のことと思われます。

フィッティングとショーイングのスコアカードは次の３つに大別されます。

・牛の外観	40点
・出品者（リードマン）の外観	10点
・リング内での牛のリード技術	50点
合計	100点

また、このうち牛の外観は次の通りです。

・調整	10点
・グルーミング	10点
・毛刈り	10点
・清潔さ	10点

出品者（リードマン）の外観は10点で、シャツやズボンは清潔な白い衣服が望ましいなどとされます。

リング内での牛のリード技術は50点と最も配点が高く、内訳は次の通りです。

・誘導技術	15点
・適切な姿勢を取らせる技術	15点
・最良な長所を見せる技術	10点
・構え方、機敏さ、態度	10点

ここでは出品者の外観とリング内での牛のリード技術の２つについて取り上げます。

■出品者（リードマン）の外観■

服装は清潔な白い衣服（白ワイシャツ、白ズボンなど）が望ましいとされます(**写真１**)。

・牧場名、商業用のロゴマークが入った衣服は好ましくない
・アンダーウエアの色、プリント文字などが透けて見えるのは好ましくない
・ワイシャツの第一ボタンを外し、胸元を開ける必要はない
・ワイシャツの襟を立てる必要はない

ベルトのバックルは華美なもの（金色など

写真１　出品者は身だしなみに気を付ける
（左）尾藤さん（右）野地さん

光るもの）は避けましょう。

靴は特に月齢の進んだ牛を出品する場合は、耐久性に優れ丈夫なもの（安全靴やワークブーツなど）を履きましょう。

・踵（かかと）の高い靴は安定感に欠ける
・スニーカーは牛に足を踏まれたときにケガを負うリスクが高い
・ズボンの裾が靴に入らないよう配慮する
※ショーによっては黒ワイシャツ、白ネクタイ、白ズボンに統一する例も見られる。特別な決まりについては主催者の指示に従う

■リング内での牛のリード技術■

誘導や適切な姿勢を取らせる、最良な長所を見せるなど、牛をコントロールするのに必要不可欠なのが頭絡です。牛に合ったサイズの頭絡を選択し正しく装着しましょう。

頭絡はショー用の革製で、チェーン付きのストラップが適しています。装着は鼻梁のほぼ中央に鼻革を掛け、きつ過ぎず、緩過ぎないサイズを選びます。サイズの合わない頭絡は牛を保定しづらいばかりか、牛の視界を妨げることにもなります（**写真２**）。

写真２　好ましい頭絡の装着
牛のサイズに合った頭絡を選び、鼻革を目と鼻のほぼ中央に掛ける

◆誘導技術

いよいよリングへの入場です。事前に出品牛の生年月日、産次、分娩月日（分娩予定日）、授精月日などの情報を確認してリングに臨みます。これらの情報は審査員が牛を適切に審査するために不可欠で、これらを認識することはリードマンとしてのマナーの１つです。

入場は牛と同じ前向きで、牛の左側に立ちリングでは時計回りに歩きます（次ページ**写真３**）。その時、頭絡の金具に近い部分を内側から右手で持ち、ストラップは左手に束ねて持つか、きちんと伸ばして端を左手で持ちます。

審査が終了し序列が決定し審査講評が終わったら退場です。退場の際も牛と同じ前向きで歩きます。

出品牛が全頭リングへ入場すると、いよいよ審査の開始です。

審査時、リードマンは牛と向き合い姿勢よく背筋を伸ばしてゆっくり後ろ向きで歩きます。頭絡を左手に持ち替え、ストラップをき

写真３　入退場時、リードマンは牛と同様に前向きで歩く

れいに束ねて片手か両手で持ちます。

歩行はゆったりしたペースを心掛け、牛の歩幅を小さくします。前を歩く牛との間隔を空けない、逆に間隔を詰め過ぎないように誘導します。また、前を歩く牛の前に出て、審査員から見えないようにする行為はマナー違反です。

前を歩く牛が排尿、排糞する場合は、そのリードマンに知らせて牛を立ち止まらせる、排尿、排糞後はリングの敷料で覆ってやります。また自分が引いている牛が排糞した際に後乳房や尾房が汚れてしまう場合に備え、あらかじめペーパーを用意しておきましょう。

出品頭数が多いクラスの場合、大きく旋回してリングを広く使います。審査員が近づいたら牛がよく見えるように左右のスペースをつくります（**図１**）。リードマンは進行方向に向かって歩く牛の正面から少し左側に寄って牛をリードします。牛とリードマンが同じラインを歩くと牛に踏まれる場合があるので注意しましょう。

審査時、リードマンは後ろ向きで牛を誘導しますが、序列の引き出しの指示があれば指定された位置まで前向きで牛を誘導し、速やかに定位置まで移動します。

このように誘導は後ろ向き、前向きの両方を使い分けします（**写真４**）。

頭絡を持つ手の指は金具の輪に通してはいけません（牛が何かにおびえて騒ぐとチェーンが締まり指を損傷する場合がある）。

頭絡を持つ左腕が真っすぐに伸びているのは感心しません。牛が心地良い状態にします。また左腕の肘が上がり過ぎると牛の頭が必要以上に高くなり、頭や頸がねじれ、鼻先が上がり過ぎて見た目に悪いばかりか、頭、頸そして四肢がふらつきスムーズな歩行が困難となる遠因ともなります。従って頭を一定の高さに保つことが大切です。牛の頭の高さは、牛の目または鼻革の位置がき甲部の高さと同程度とします（**写真５**）。

牛とリードマンの距離は肘の角度を適度に曲げることで保たれます。肘の角度は曲がり過ぎても伸び過ぎてもいけません。一定の角度を保つのが望まれますが、肩、肘、手首の３点で三角形を描き、肘を支点にして肩から肘、肘から手首のラインを出し入れしながら調整するのも一方法です。そうすることで腕の可動域が広がり、肘の角度を柔軟に変えることが可能です。

頭から頸全体が美しく、すっきりしたライ

図１　ショーリングの使い方
審査員が個体をチェックするときは、見やすいように左右にスペースをつくる

写真４　牛の誘導は前向き、後ろ向きの両方を使い分ける

写真５　頭の高さは目あるいは鼻革の位置がき甲部の高さと同程度とする

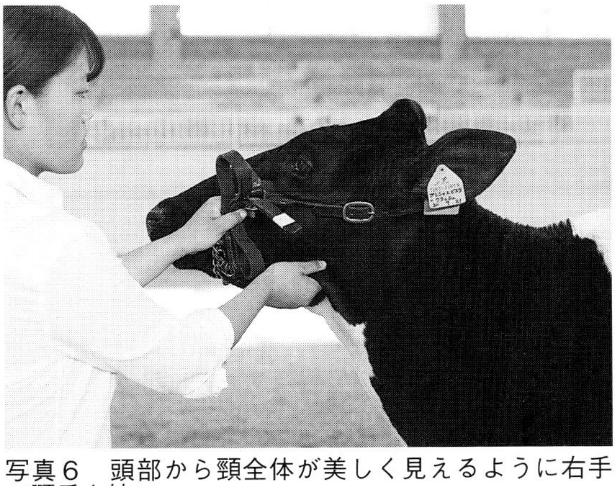

写真６　頭部から頸全体が美しく見えるように右手で顎垂を持つ

ンとするため、右手で顎垂を持つ（つまむ）のが一般的に行われます。顎垂を持つ位置は手前、あるいは奥と牛によって異なります（**写真６**）。

いずれにしても牛をたたく、愛情が感じられない態度・行動は動物愛護の精神に反する行為で厳禁です。

さあ、審査員が牛に近づいてきました。審査員が１頭の牛を観察する時間は実質数十秒でしょう。リードマンは限られたわずかな時間内で牛の最良の状態を見せなければなりません。

基本的な牛の見せ方は次の通りです（次ページ**写真🅐～🅔**）。

- 審査員はいろいろな角度から牛を観察する。そのため「止まれ」の指示があったら最もよく見える位置に牛を誘導し姿勢を整える🅐
- 審査員が牛の周りを歩いているときに、牛を半歩前に前進させ肢の位置を直す🅑
- 審査員が被毛に触れようとしたら、牛の顔を審査員側に少し傾け、頸の縦じわを強調し、品位、資質をアピールする🅒
- 後ろから見て牛の鼻部から尾部まで真っすぐになるようにする🅓
- リードマンは牛の肩端を右手で押さえ、牛をしっかり保定する🅔

注意したいのはリードマンが牛の誘導に集中し過ぎて、審査員の動向の把握がおろそかになることです。人牛一体は大切ですが、そこに審査員の存在があるのを忘れてはいけません（65ページ**写真７**）。

◆適切な姿勢を取らせる技術

審査員によるピックアップ（引き出し）が始まり序列ラインに並ぶよう指示が出ました。

序列ラインに向かう移動は、リードマンは入場時と同様に前向きできびきびと歩き牛を誘導します。序列ラインに並ぶときは、リン

グマン（補助員）の指示に従い、常に迅速に行動し、他の牛との間隔を詰め過ぎず、空け過ぎることのないようにします。序列ラインはトップの牛に合わせ、ラインから飛び出したり、逆にへこまないようにします。

序列ライン上にいて牛の姿勢を直す必要が生じる場合があります。リードマンは牛の左側に位置し、牛と十分な距離を取り、牛の肢とトップライン（背線）がよく見える角度に立ち、牛の肢を正確に配置します（**写真８**）。

未経産牛の場合は審査員側（手前）の後肢はもう一方の後肢より少し後ろに置きます（**写真９**）。経産牛の場合は未経産牛の場合と逆で、前乳房と後乳房が審査員によく見える（乳器の付着がよく見える）ように審査員側の後肢をもう一方の後肢より前に置きます。審査員が反対側の側面から牛を見るために回り込んできたら、後肢の位置をさりげなく置き換えましょう。

前肢は可能であれば、後肢より少し高めの所に置き、前躯を高く見せたいものです。鋭角的で活気あるように見えます（前肢、後肢を置く位置は牛の個体写真の撮影にも通じる）。

序列ラインに並んでいて、審査員から序列

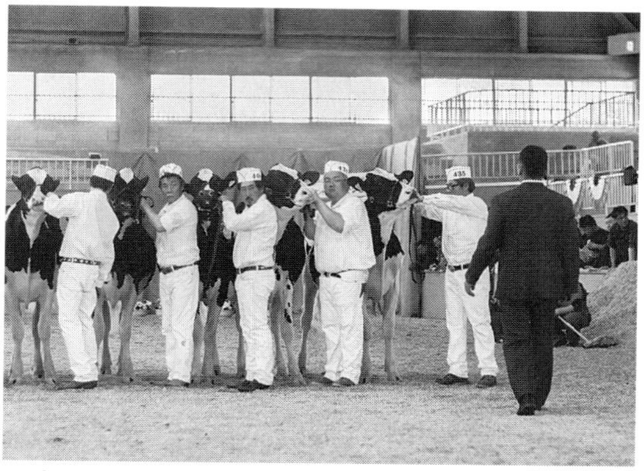

写真７　審査員が牛を正面から見るときは、リードマンは牛の横に立つ

写真９　後肢を下げる
肩端を押し、後肢を下げる
※右肩端は左後肢、左肩端は右後肢と対角線に反応することを理解する

の変更を求められた場合は、序列ラインから牛を速やかに離さなければなりません。入れ替えのため牛を動かす場合は、頭絡を持つ手で牛を押し返しながら右手の指で牛の肩に力を加えて後退させ、指定された位置へ牛を移します。牛を前進させて動かす場合は頭絡とストラップを持つ手で静かに引いて牛を引き出します。いずれにしても審査員と審査されている牛の間を通ってはいけません。このように牛の誘導のほとんどを頭絡とストラップ（を持つ手）の押し引きで行うように努め、足で操作するのをできるだけ避けましょう（**写真10**）。

大切なのは自然な振る舞いです。不必要で過剰なアピール、駆け引きは慎むべきです。

写真８　牛と牛の間隔
審査員が隣の牛と比較するため、かつリードマンが牛の姿勢を直せるように牛と牛の間隔をある程度空ける

◆最良の長所を見せる技術

審査時に出品牛を最良の状態で審査員に見せるには、リードマンが牛の体型上の特徴を把握しておくことが大切です。序列ラインに並んだとき、背中や十字部が盛る、背線が曲がる、尾根が上がるなどには、それらの部分に右手を当て軽く押さえて修正します（**写真**

写真10　足による操作をできるだけ避ける
足で蹄を踏む、蹴って肢を動かすのは好ましくない

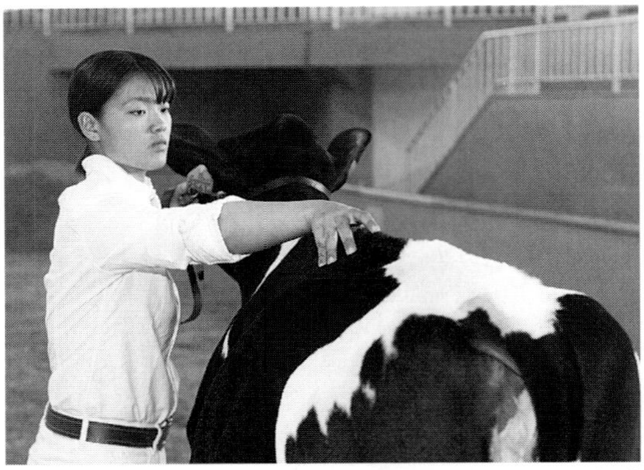

写真11　背中が盛る場合、背中が盛った個所を右手で軽く押える

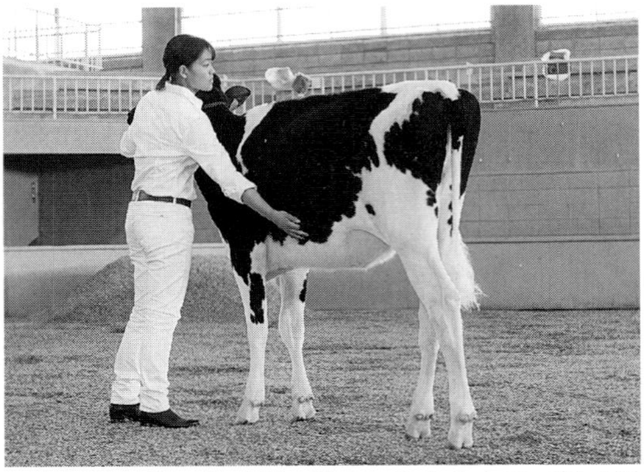

写真12　肩後、背が緩い場合、胸底を右手で軽く押し上げる

11)。肩後、背が緩む場合は胸底を右手で軽く押し上げます（**写真12**)。

◆平静さ、敏捷性、態度

審査の開始から終了までリードマンは牛から目を離さず、常に審査員の位置を把握します。リードマンには平静さと集中力が求められるのです。

図２～６にショーリングにおける牛・リードマンと審査員の位置関係を示しました。

審査員や主催者の要求には迅速に応えましょう。審査員の指示なしに列を大幅に乱す、ラインから出たり入ったりする行為は禁物です。

ショーマンシップはスポーツマンシップと相通じるものがあります。リードマンは常に謙虚であるべきです。審査講評に耳を傾け、たとえ結果が芳しくなくともリング内で捨て鉢になってみせる、未熟な態度を取ってはいけません。

ショーでは誰もが「勝ちたい」「上位に食い込みたい」と思うでしょう。しかしショーマンシップはある意味、勝つこと以上に大切です。生涯通用する技術と自信と規律心を身に付け、優れたバランス感覚を養ってくれるのです。

2020年に開かれる「第15回全日本ホルスタイン共進会」では出品作法の順守がうたわれています。そこに示されている守るべき出品者（リードマン）のマナーを68ページの**表**にまとめました。

序列が決定し審査講評が終わるまでリードマンは全力で牛を誘導します。審査が終わり退場となります。会場の牛舎からリングまでの移動、リングの入退場は日常と異なる環境となり、牛は神経質になりがちです。特に審査後の退場に際してはリードマンの気も緩みがちとなり、しかも出口が混雑するため大きな事故につながりかねません。絶対に気を緩めてはいけません。牛を牧場に連れて帰るまでがショーであることを肝に銘じてください。

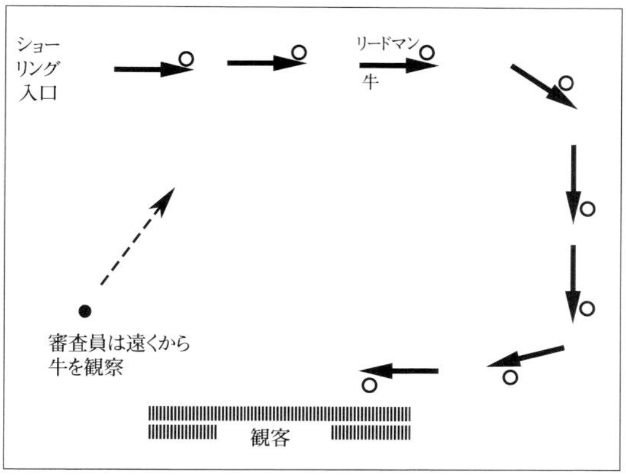

図２　出品者はショーリングへ入場し、時計回りに牛を歩かせる

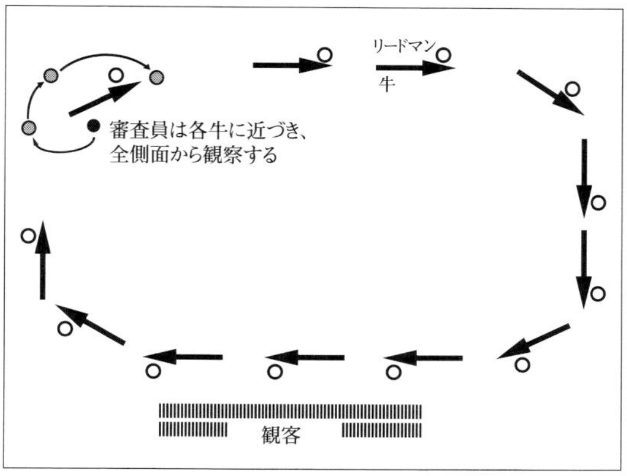

図３　全ての牛がリング内にそろい、審査員は遠目で牛を審査した後、近くから各牛の審査を行う

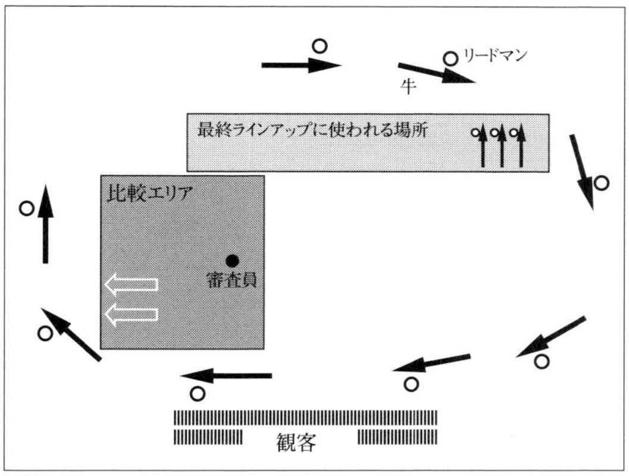

図４　最終の序列付けに使用する場所とは異なるエリアで出品牛の比較を行う

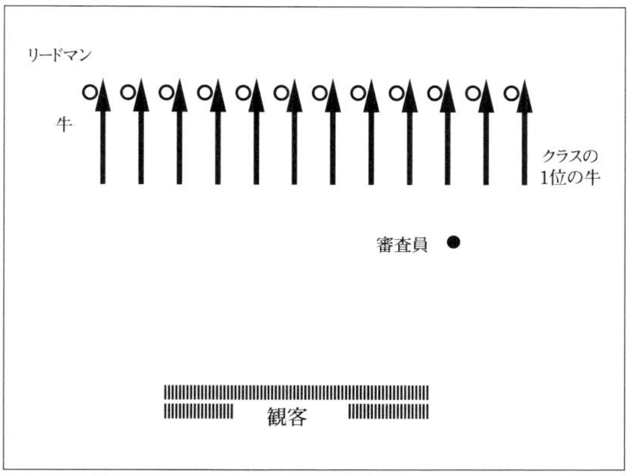

図５　賞を贈呈し、序列の審査講評を行う前の牛、リードマン、観客、審査員の位置

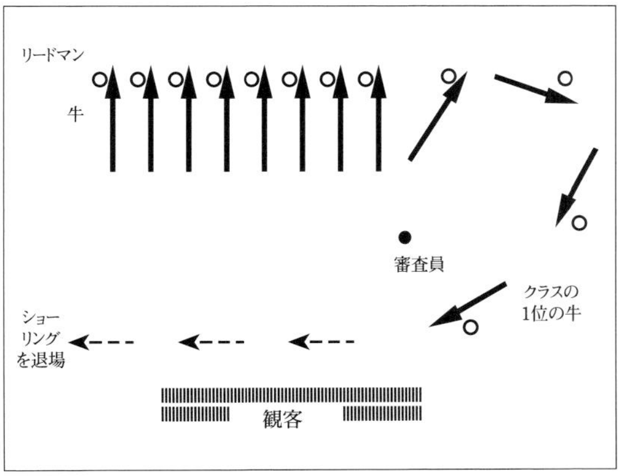

図６　審査講評する審査員の位置
リードマンと牛は審査員の横から観客の前を通りリングを退場する。審査員は牛が退場しつつある中で審査講評を行う

図２～６出典：「ショウ・リングの手順」2018年第10回乳牛改良・審査のサクセッサープログラム、ブライアン・ベンキー氏講演資料

表　守るべき出品者（リードマン）マナー

1）服装は上下とも白色のものを着用し、牧場名などの文字を入れてはならない
2）品位ある態度で序列決定に従い、審査講評が終わるまで、みだりに出品牛を動かしてはならない
3）審査中に出品牛の間隔をみだりに空けたり、他の出品者の妨げとなる行為をしてはならない
4）産次および分娩月日などを不正確に伝えてはならない

出典：「第15回全日本ホルスタイン共進会出品作法の順守」(一社)日本ホルスタイン登録協会

本稿は「リードマン コンテストのチェックポイント」（北海道ホルスタイン農業協同組合）と第10回乳牛改良・審査のサクセッサープログラムから「ショーマンシップと出品技術」（ブライアン・ベンキー氏講演）に基づき構成しました。なお、実技指導を福屋茂生氏（(一社)家畜改良事業団）にお願いしました。

福屋　茂生

ふくや　しげお

1971年、北海道恵庭市生まれ。酪農家の次男として大学卒業後に実家の牧場経営に参画。97年、アメリカ・ウィスコンシン州のインディアンヘッド牧場で１年半研修し、帰国後父兄とともに乳牛改良に取り組む。2003年、(一社)家畜改良事業団に入団、現場経験を生かし、交配相談や種雄牛造成を担当。11年度に北海道ホルスタイン農業協同組合の「共進会認定審査員」となり、以降全道各地や府県の共進会の審査を務めている。現・(一社)家畜改良事業団改良部乳牛調査課長

231
232

毛刈りのポイント

実技指導／**編田　尚弘**さん
北海道足寄郡陸別町・㈲編田牧場代表

ショー出品に至るプロセスで欠かせないのが毛刈りです。ここでは毛刈りの目的や効果に触れるとともに毛刈りの実際について紹介します。

■目的と効果■

清潔感にあふれ、美しい牛たちがショーリングに一堂に会する―壮麗であり、見る者に感動さえ与えます（**写真１**）。ショーを見学した消費者から「牛ってこんなにきれいで美しいのか」と驚きの声さえ上がります。そうした消費者が酪農産業の応援者となり、牛乳・乳製品の消費拡大に結び付くことを願いたいものです。ショーにおける毛刈りにはそうした効果も期待されるのです。

審査自体は牛の骨格構造、骨質とボディーコンディションに重きが置かれて各部位が比較され、それらが優先順位に従って総合的に評価され序列が決定しますから、毛刈りは補

写真１　力強く美しい乳牛が整然と並ぶ姿は壮麗の一言に尽きる

表　第15回全日本ホルスタイン共進会における出品作法の順守

守るべきマナー
1）牛体のいかなる部分でも、医療的整形をしてはならない
2）薬剤などを使用して不自然に活気づける、あるいは神経過敏を防ぐ、跛行（はこう）を隠すなどの行為をしてはならない
3）牛体部分のくぼみをたたいて盛り上げる、皮下に異物を挿入する、パウダーなどで外貌の輪郭を変えるなどの行為をしてはならない
4）不自然な方法で乳房の形を整形したり、乳頭の方向を整形してはならない
5）色素などを利用して牛体等の自然の色彩を変えてはならない。なお乳房にオイル、ジェル、艶出しなど一切の使用を禁止する
6）過度の給水など人工的方法で腹部を膨らませてはならない
7）背線や尾根部などに過剰な体毛操作（付け毛、植毛）を施してはならない
8）背線や尾根部の毛の長さは3㌢を超えてはならない

㈳日本ホルスタイン登録協会

助的手段にすぎないと言わざるを得ません。ただし、その牛が備えている長所を強調し、軽微な短所であれば毛刈りである程度カバーすることは可能です。清潔で美しく整った牛を出品し、審査に臨むことは出品者としてのマナーともいえるでしょう。

ただし、過度に技巧に走るのは好ましくありません。2020年に開かれる「第15回全日本ホルスタイン共進会」では、主催者の(一社)日本ホルスタイン登録協会が「出品作法の順守」の中で「守るべきマナー」を規定しています。毛刈りに関する項目を含んでいるので、**表**にまとめました。

■事前の準備■

毛刈り用具をそろえる、牛体を洗う、毛刈り場所を確保し保定枠を設置するなど、毛刈りをする前に準備しておきたいことが多々あります。

◆毛刈り用具

毛刈りに欠かせない用具といえば、いの一番にバリカンが挙げられるでしょう。かつては大型バリカン１つを駆使し毛刈りをした時代がありました。最近は大型のほか小型、ハンディー（コードレス）バリカンが市販され、部位によってそれらを使い分けることができます。バリカン以外にも種々便利な用具が出回っています。

毛刈りに必要な用具とその使い方を80～82ページにまとめました（「商品カタログ」デーリィマン社、「毛刈りの順序とポイント」北海道ホルスタイン農業協同組合から引用）。

◆牛体の洗浄

牛を丁寧に洗います。糞やフケ、毛についた油脂分が残っていると毛が立ちにくく上手に刈れず、刈り残しの要因となります（**写真２**）。また、バリカンの刃が切れにくくなる一因ともなります。バリカンは使用後、しっかり手入れをするように常日頃から習慣づけておきましょう。

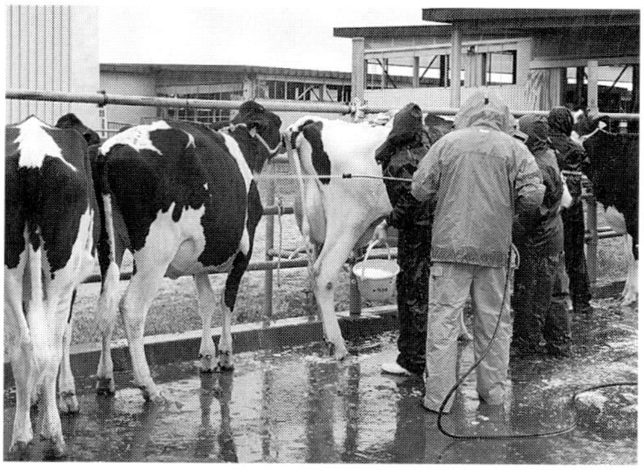

写真２　毛刈りの前に牛を丁寧に洗い、糞、フケ、毛に付着している油脂を洗い流す

洗浄は牛体を絞るのにも効果的なので、ショーの１カ月ほど前から毎日行うとよいでしょう。

洗い終わったら牛体の水をよく切り毛並みを整え、トップラインの毛は濡れているうちにブラシを使って逆立てておきます。

手入れが行き届いた牛体は、被毛と尾房、肢蹄が清潔で耳垢（あか）もありません。

ちなみに牛の外貌における清潔度のチェックポイントは次の通りです。

- ・腹の下に寝ワラが付いていないか
- ・食べかけの餌が口の周囲に付いていないか
- ・蹄が汚れていないか、蹄に寝ワラが挟まっていないか
- ・体にフケが浮いていないか
- ・牛体の隅々まで清潔にしているかを判定するため耳の中まできれいかをチェックする（牛は頭を洗うのを嫌う）

なお、事前に除角（生後６カ月以上）、削蹄をしておくのは当然のことです。

◆場所の設定

作業がしやすく刈り残しが出ないように、明るく平らで牛が滑らない場所に毛刈り用保定枠を設置します。保定枠の移動には専用の

写真３　明るく平らな場所に毛刈り用保定枠を置き、敷いたマットの上に木質チップなどをまく。一定の明るさを確保するには保定枠上部にライトを設置するのが効果的

写真４　牛から少し離れて牛全体を観察し、仕上げのイメージを描く。鋭角的で輪郭鮮明、強靭（きょうじん）、そして張りのある牛体が目標。ドライヤーでトップラインの毛を起こし下腹部とのバランスを見ておく（写真は12カ月齢の未経産牛）

台車を使うと便利です。ライトを保定枠の上部に備えるのも効果的です。また牛が滑らないように保定枠用のマットを敷きます。

毛刈り作業中に糞尿が飛び散らないようオガ粉や木質チップなどをマットの上にまくと良いでしょう。さらに牛の気が散らないように配慮します（他の牛、騒音など）（**写真３**）。

事前に人や頭絡に慣らし、保定の練習もしておくと良いでしょう。

■順序と方法■

◆主な留意点

牛の長所を引き立て、欠点が目立たないようにするのが毛刈りの第一歩です。さらにショー直前の仕上げでは毛刈りをした部分と残した部分とに段差がなくスムーズに移行し自然となじむようにします。四肢は飛節が鮮明に見え、汚れを取り除くために毛刈りします。き甲は鋭角的に見えるようにして、トップラインは真っすぐになるように刈りそろえます。未経産牛で肋（ろく）が浅い場合、腹部や乳房部分の毛刈りは必要ないとされます。

ショーシーズンが始まる春先に粗刈りしておくとシーズンに入って太く硬い毛が生えそろうので、トップラインをつくりやすくなります。

◆仕上がりをイメージする

毛刈りを始める前に牛の長所、短所を把握するため良く観察し、仕上がりのイメージを描きます（**写真４**）。

ドライヤーとブラシを使いトップラインの毛を立てます。毛が寝た状態で刈ると刈りむら、刈り残しができるからです。部位によっては「つむじ」を境に毛の流れが変わるので良い方向を見極めながら毛を立てます。

トップラインの毛を立てた後、未経産牛の場合、尾の毛を刈り、次に後望して左側の腿→尻→肋（ろく）→頸→四肢→胸と刈り込んでいきます。続いて右側の腿から順に繰り返し、最後に頭→トップラインを仕上げます。経産牛であれば頭→トップラインの前に乳房の毛刈りをしましょう。

どの部位から毛刈りするか、決まった順序はありませんが、牛体の後方から前方に向かって刈っていくのが一般的なようです。また左右どちら側から刈っていくか、仮に失敗した場合を想定してショーサイド（審査員側＝右側）の反対側から刈るとよいでしょう。牛の長所、短所を把握し部位によりバリカンと刃の選択を行うこと、刈りむら・段差がで

きないようバリカンは極力長いストロークで扱うことも留意点の１つです。さらにバリカンを左右両手で扱えるように日頃から訓練しておくと大変便利です。

◆尾

尾房から尾根まで細く長く尾房との釣り合いを良くし、尾房の５～10センチ上から尾根の下部（下腱部からやや上）までを毛の流れに逆らって刈ります（**写真５**）。尾根は両サイドを刈りトップライン部分はくさび型に残しておきます。

尾は頭同様、常に動くので毛刈りが難しい部位です。集中力を高めて対応しましょう。

◆腿

外腿は外側に広く充実し、内腿は薄く皮膚が柔軟で切れ上がるように刈るのがコツで、毛をブラシで立てながら毛の流れと逆方向に刈っていきます(**写真６、７**)。また「つむじ」に注意しながら、股間をきれいに丁寧に刈り込みます。

◆尻

尻は外腿から腰角、臗から坐骨へとバリカンを下から上へ動かして刈っていきます。臗は坐骨と腰角の中央に位置するように意識して刈り、腰角、坐骨が鮮明になるように刈っていきます（**写真８**）。

◆肋

下膁部から肋へ、肋骨の方向に沿って下から上へバリカンを入れていきます。刈りむらに注意しながらゆっくりと長いストロークで刈るのがコツです（次ページ**写真９**）。

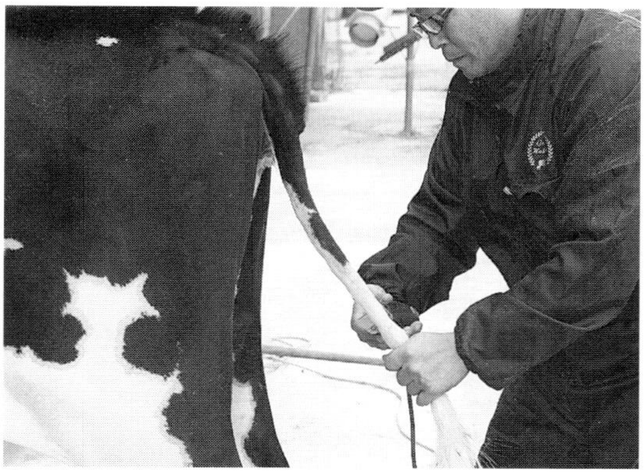

写真５　乳牛の質の良さを強調するように細く長く刈る

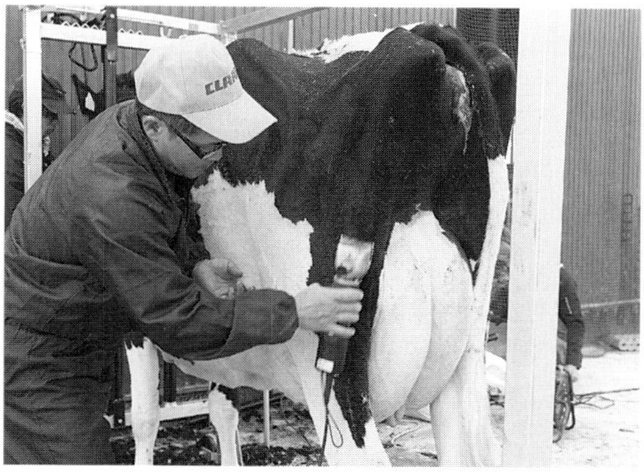

写真６　外腿はブラシで毛を逆立てながら、下部から上部へ毛の流れに逆らいながら刈っていく

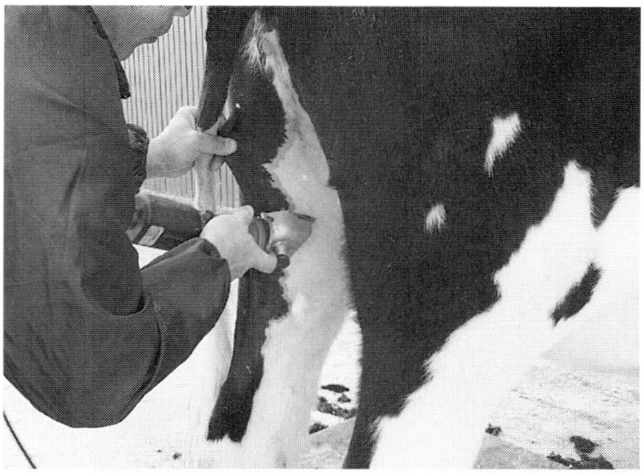

写真７　内腿は薄く、股の切れ上がりがよく見えるように刈り込む

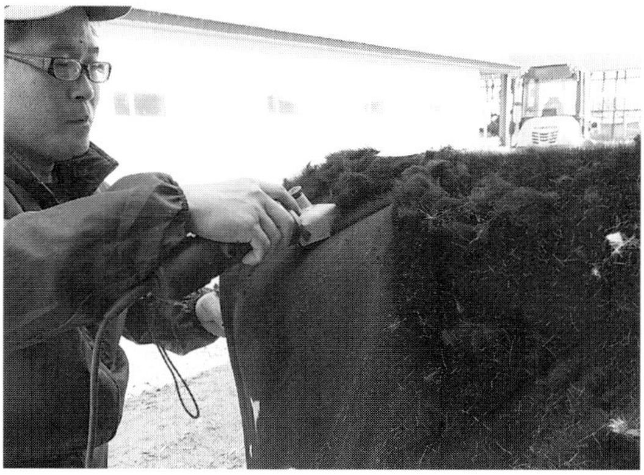

写真８　仙骨の両サイドと上部の無駄な毛を刈り、トップライン部分は残す

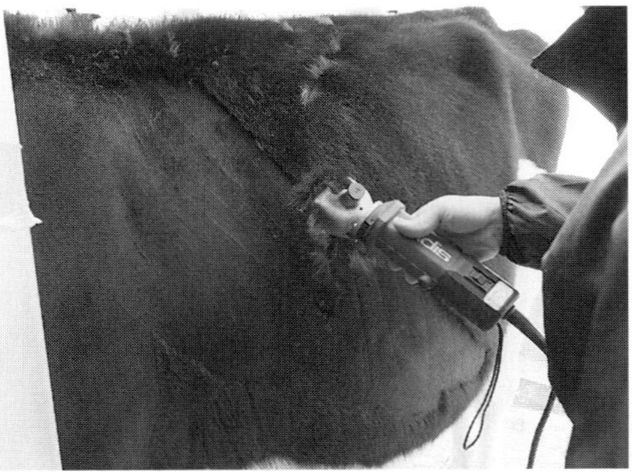

写真９　肋骨・横突起が鮮明に見えるようにブラシで毛を逆立てながら刈る

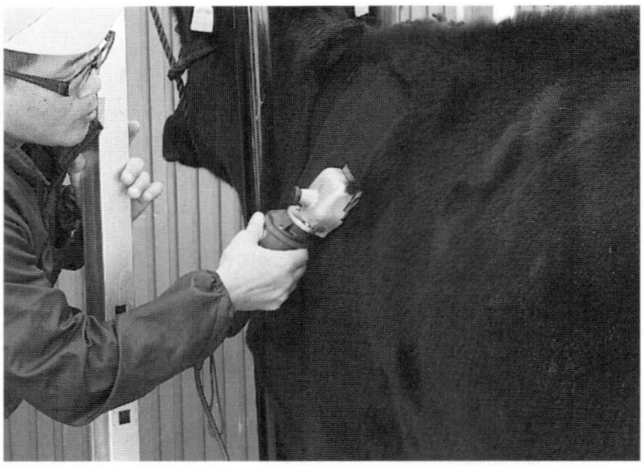

写真10　肩甲骨は肩後から肋への移行を滑らかに刈るのがポイント。バリカンの刃を固定し人差し指を立て牛体と刃の間隔を確かめつつ注意深く刈っていく

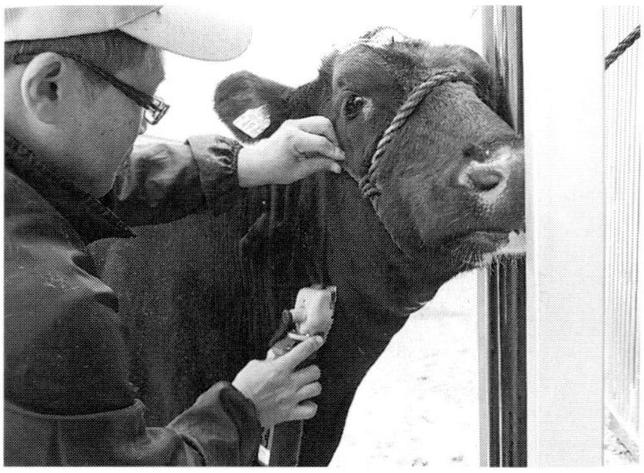

写真11　頸の皺（しわ）が１本１本見えるように、また耳の裏や周囲も忘れずに刈る。頸部など刈りむらとなりやすい部位は皮膚を手でひっぱりながら刈るとよい

◆肩、頸

前肋から肩、頸にかけスムーズに移行し頸の皮膚被毛を薄く見せます。バリカンは肩端からき甲に沿って動かし刈りむらをなくします。トップラインの毛を残し、両サイドの毛を刈ります（**写真10、11**）。

◆後肢

蹄冠部から上部まで薄く平骨で、飛節部は側望したとき適度な幅があり鮮明に見せるようにします。サイドから内腿部を刈るので、まずは大型バリカンで大まかに、次に小型バリカンで細部を調整するように刈っていきます（**写真12**）。

◆前肢

蹄冠部から上部まで下から上へ細く真っすぐに見せるように刈ります。細かい部分は小型バリカンを使って刈りむらをなくし、鮮明にします（**写真13**）。

◆肋腹（下腹部）

ブラシで毛を立て、長さをそろえます。

中躯が浅く開張度が狭ければ毛を立て、より充実したように見せ毛を刈りそろえます。充実した中躯は鮮明に見えるようにバランスを見ながら毛を刈っていきます。毛を肋となじませる場合は、バリカンの刈り高を調節し刈り過ぎに注意します（**写真14**）。

◆前肋、脇、胸底

広く深い胸の牛は鮮明に見えるようバランスを見ながらバリカンで刈り込んでいきます。狭く浅い胸の牛は充実したように見せるため適度に毛を残して刈りそろえるとよいでしょう（**写真15**）。

◆頭

毛並みに逆らいバリカンの向きを変えながら刈り、耳の内側も刈ります（**写真16**）。

◆トップライン

側望して前躯が高く、き甲から尾根までが真っすぐになるように刈ります（**写真17**）。

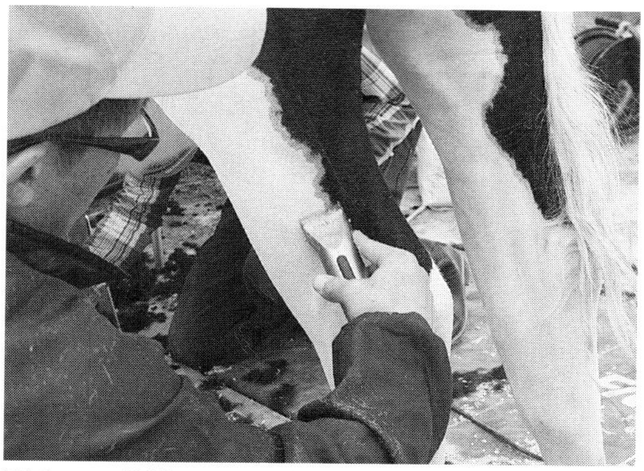

写真12　後肢は平骨で鮮明、乾燥しているのが良く、腿の前部・後部にエッジをつくり鋭角的に仕上げる

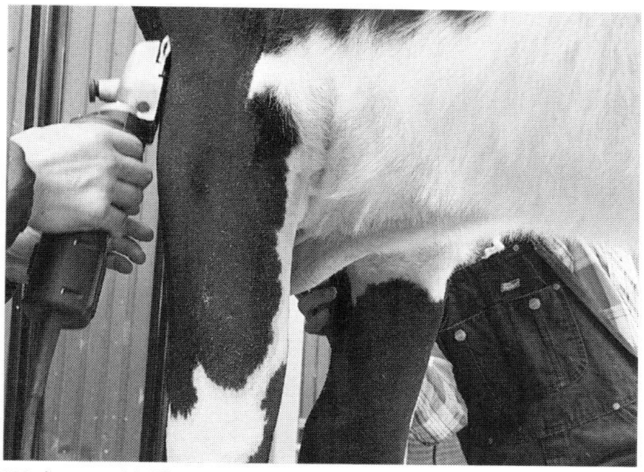

写真13　前肢は前膝から上に滑らかに刈り上げ、前膝から下も乾燥した骨を見せるように刈る。内側は胸底が広く見えるように刈る

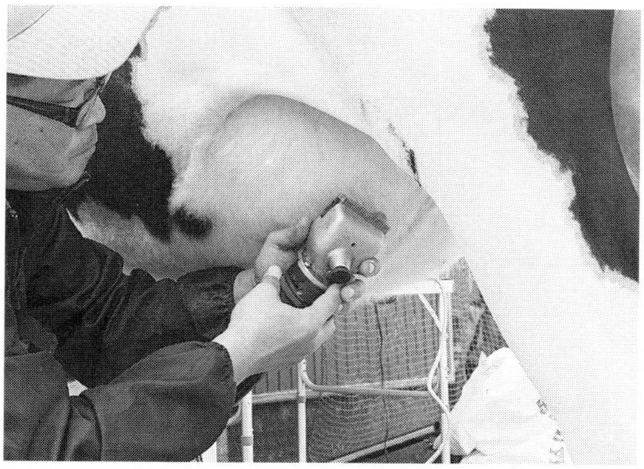

写真14　ブラシで毛を立て毛の長さをそろえて輪郭を鮮明にしていく。左右両手でバリカンを扱えれば、向きを変えずに前肢の外側、内側を刈ることができる

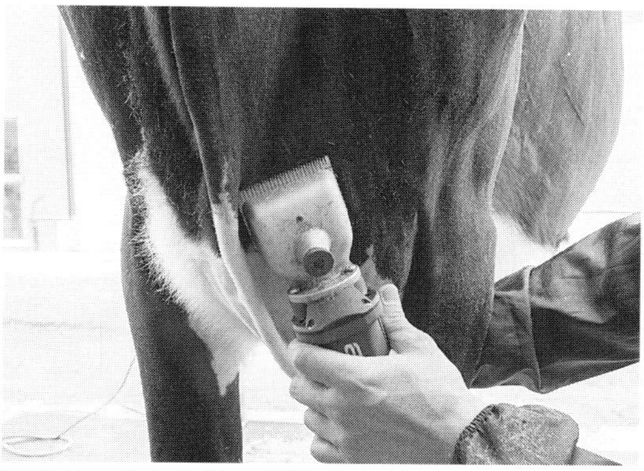

写真15　胸と前肋、肩後の毛刈りは一連の作業。胸の浅い牛は毛を立ててバリカンのドテを利用し刃を浮かせ毛先だけをそろえる。肩後はわずかにボリュームをもたせておく

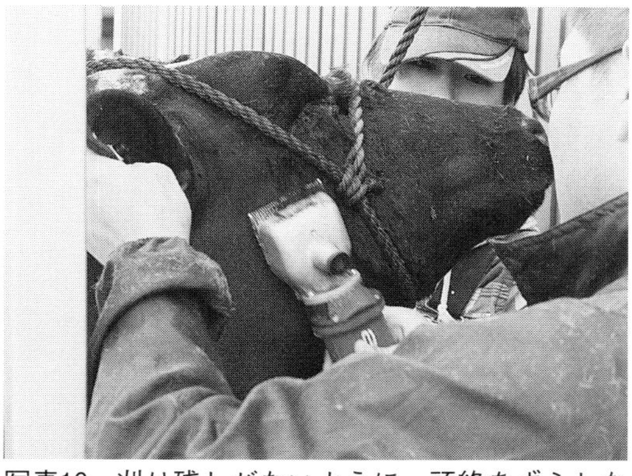

写真16　刈り残しがないように、頭絡をずらしながらバリカンを動かして刈っていく

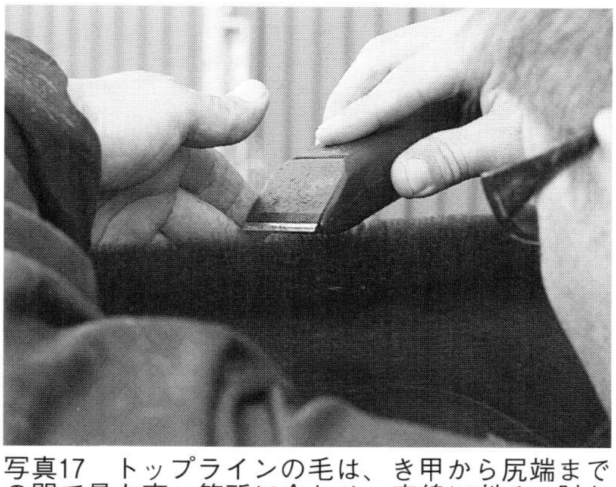

写真17　トップラインの毛は、き甲から尻端までの間で最も高い箇所に合わせ一直線に刈る。肘と手首の角度を変えずに刈るのがポイント

ドライヤーの温風をブラシに当てるようにして毛を垂直に立ててから、バリカンで刈るのがコツです。この作業を繰り返し行い、くさび型に整え体にスムーズに移行させます。

高低と幅の基準となる所をあらかじめ決めてから毛刈りを始めます。

毛の流れに逆らって刈ると刈り過ぎるので流れに沿って少しずつ刈っていきます。毛が寝てしまう場合は再度ドライヤーで毛を立てます。

トップライン横の毛は体からトップラインへ刈り上げ、スムーズに移行させます。バリカンの刃は指などで固定し刈り過ぎを防ぎ、刈り跡を残さないようにします。

◆後乳房

乳房と体が一体となるように仕上げます。後乳房は質が良く、付着部は広く、高く、正中提靭帯を鮮明に見せるのが目標です（**写真18**）。

小型バリカン、ハンディーバリカンを使い、さらに状況に応じて刃の厚さを選択し毛並みに逆らいながら刈っていきます。

◆前乳房

前乳房は腹壁にスムーズに移行するようにし乳静脈は太く力強く見せるようにします。

審査の前日までに仕上げ以外の作業を完了させておき、審査当日は短時間で毛刈りを終了し牛への負担を少なくしましょう（**写真19**）。

■審査当日の仕上げの要点■

審査の直前に最後の毛刈りをします。審査当日の要点を列記しました（「毛刈りの順序とポイント」北海道ホルスタイン農業協同組合から転載）。

1. 毛刈り前に餌を十分食い込ませ、肋を開張させ仕上げの毛刈りを行う（**写真20**）
   ※肋の張り具合でトップラインの状態が変化するので、餌を十分与え、ある程度肋が張った状態にして毛刈りを行うのが好ましく牛も落ち着く。

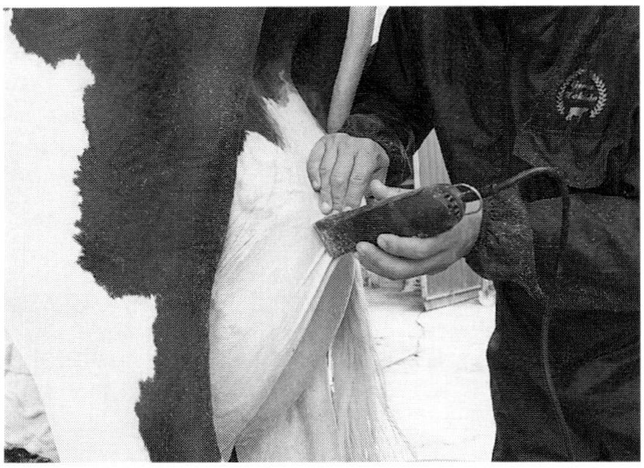

写真18　底部は赤、中間部はピンク、上部は白色で牛体にスムーズに移行するよう、毛の長さを調節する。内腿と乳房の間、乳房間溝の内側まできれいに刈り込み、底面の毛も残さずに刈り取る

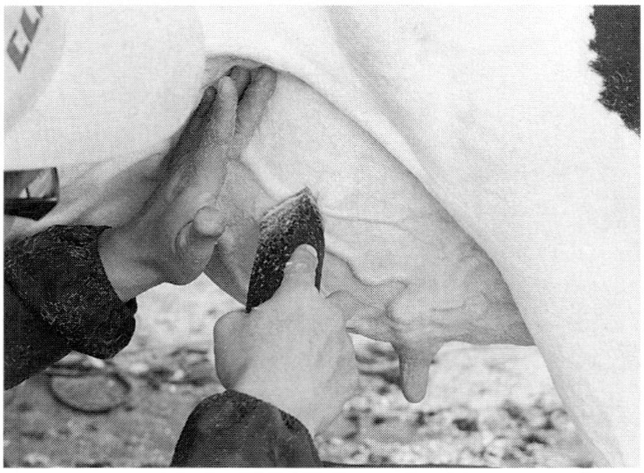

写真19　乳静脈はくっきりと見せ、刈り残しに注意しながら刈る

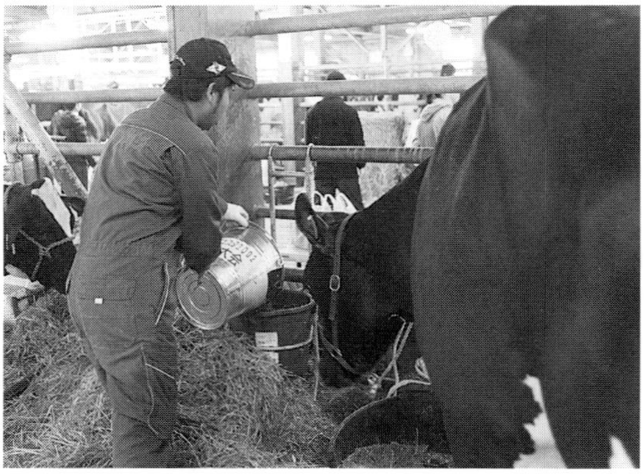

写真20　審査当日は餌を十分食い込ませることから全てが始まる

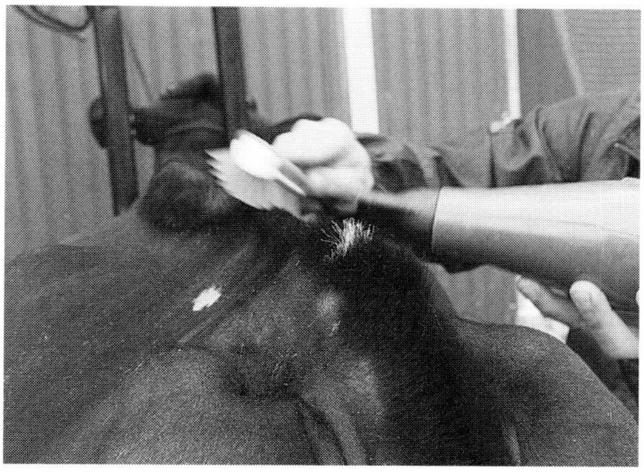

写真21　ドライヤーの温風とブラシを動かすスピードを調節しながらゆっくりと丁寧に毛並みをそろえる

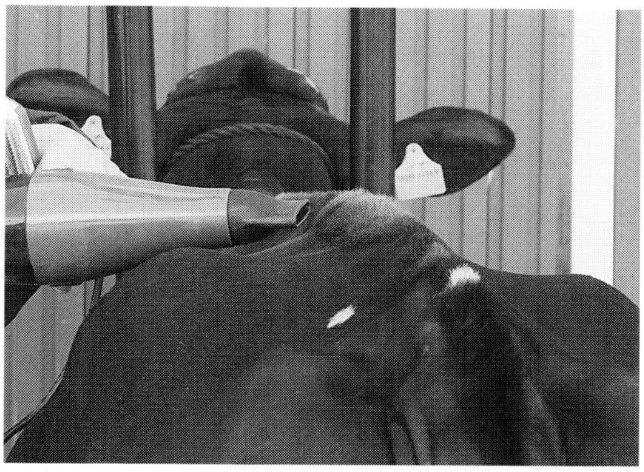

写真22　乾きが悪いと毛の質を良く見せることができないので注意する

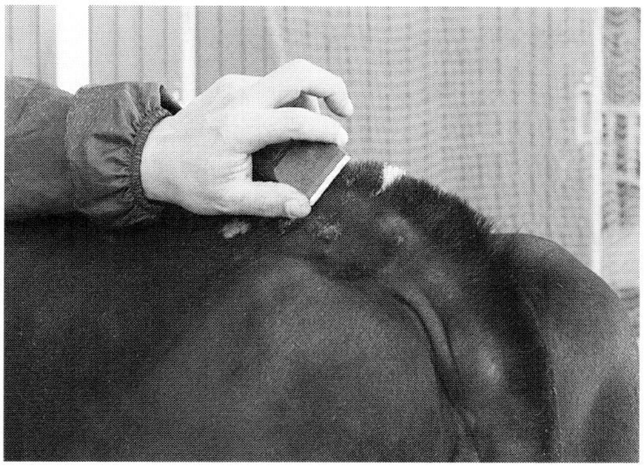

写真23　トップラインと体の境目は手を添えてバリカンを固定し、刈り跡を残さないようにする

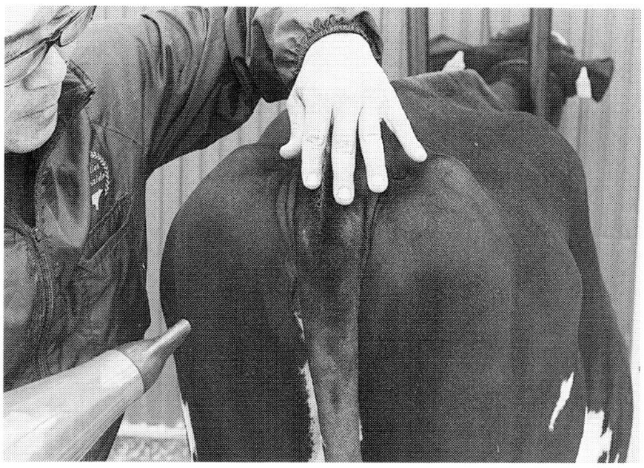

写真24　スプレーのかけ過ぎは粗野に見えるので要注意

2．ドライヤーで尾根からき甲までの毛を立て毛並みをそろえる（**写真21**）

3．クリアーマジックを軽くかけドライヤーで十分乾かす（**写真22**）

4．ハンディーバリカンでトップラインをくさび形に整える（**写真23**）

5．尾根もトップライン同様にスプレーで固め良く乾燥させる（**写真24**）

6．ハサミで尾根の形を整える（次ページ**写真25**）

尾根が粗野に見えてしまうときは、もう一度大型バリカンなどで尾根サイドの毛を刈り、形を整える

7．全身のフケなどのゴミを取り除く（次ページ**写真26**）

8．トップラインにクリアーマジックをかけて毛を固める（次ページ**写真27**）

9．肋腹（前肋、後肋、下腹部）の開張に合わせ無駄な毛を刈り鮮明にする（次ページ**写真28**）

10. 尾房にボリュームをもたせ、牛体に艶出しを塗り仕上げる（次ページ**写真29**）

※艶出しは皮膚、被毛が柔軟に見えるよう適度に塗り、ボディーブラシやタオルなどで薄く伸ばす。過度の塗り過ぎに注意

11. リードした状態で毛刈りの最終確認を行う（次ページ**写真30**）

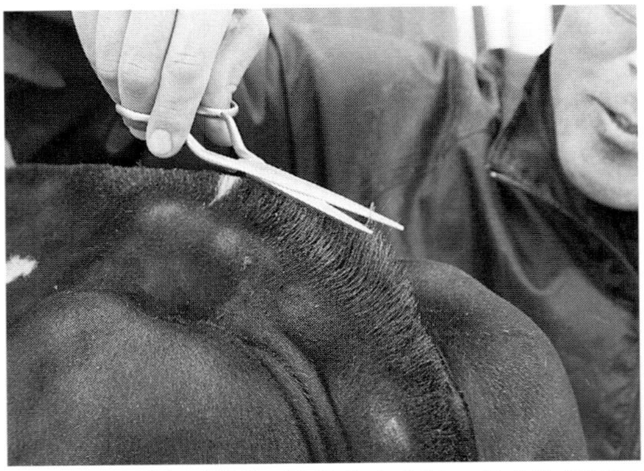

写真25　尾根は鮮明に見えるように、できるだけコンパクトに整える

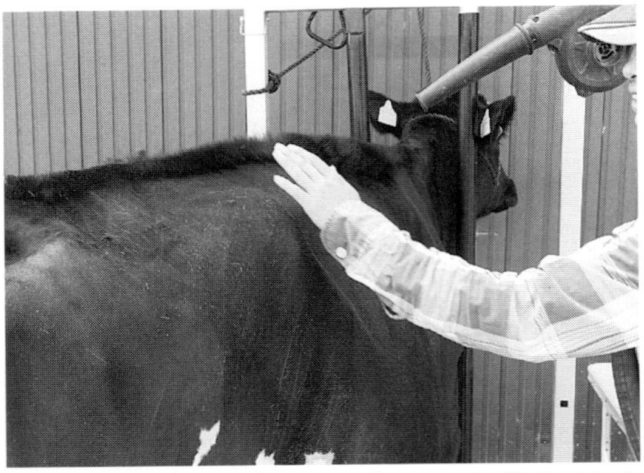

写真26　ボディーブラシ、ブロアーなどでフケや毛などを除去し、耳垢、鼻口部の汚れは奇麗に拭き取る

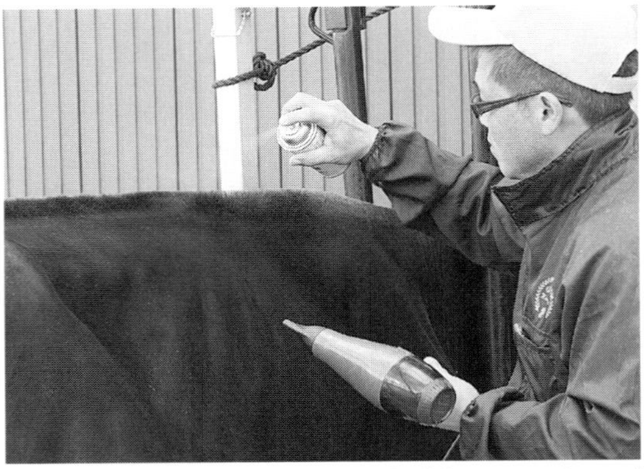

写真27　毛が寝ていないことを確認してからスプレーをかけ、ドライヤーで十分乾燥させる。毛が白くなっている部分はブラックマジックをかけて黒くし同様に乾燥させる

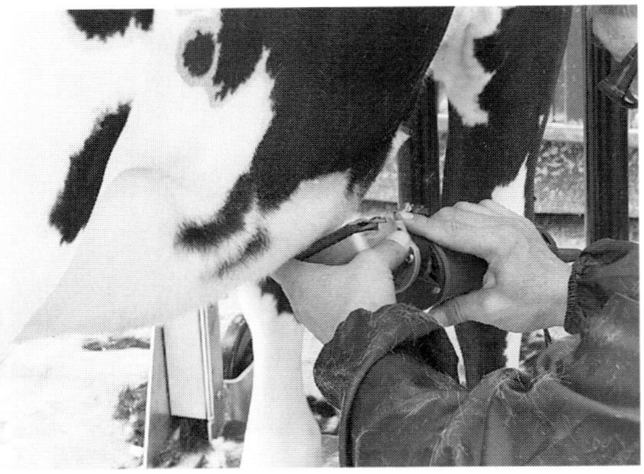

写真28　牛全体のバランスを考慮しつつ、大型バリカンを手や指などで固定しながら刈り、毛の長さを調節する

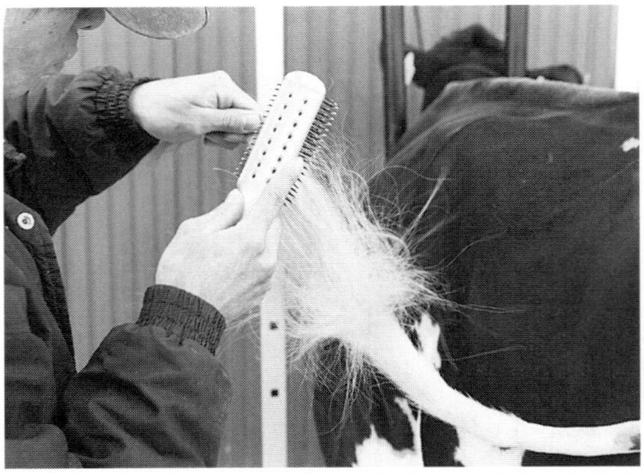

写真29　ドライヤー用ブラシなどで、尾房の毛を逆立てながらボリュームを持たせ、形が崩れないようクリアーマジックなどで固める

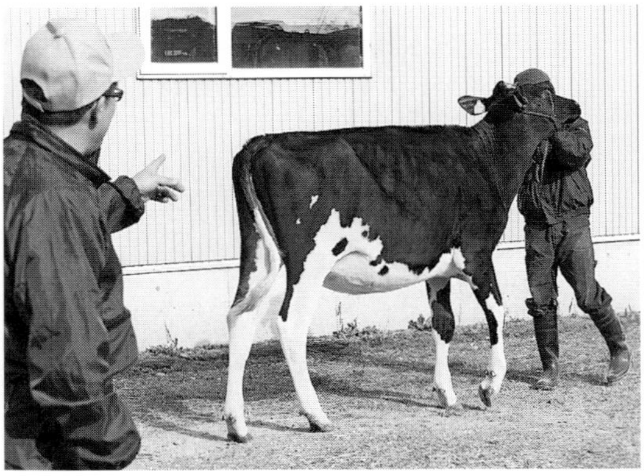

写真30　牛を引き出して最終確認する。トップラインなどに高い箇所があるときは、ハンディーバリカンやハサミを使用し修正する

毛刈り技術向上のために、ショーに出品する予定のない牛を使い毛刈りの練習を行い、バリカンやドライヤーなどの使い方や毛刈り技術を身に付けましょう。またショー会場で他の出品牛の毛刈りを手本とするのもよいでしょう。

【引用・参考資料】
「毛刈りの順序とポイント」北海道ホルスタイン農業協同組合
「リードマン コンテストのチェックポイント」北海道ホルスタイン農業協同組合
最新ショー・テクニック「乳牛を美しく見せる毛刈り技術」デーリィマン社

編田　尚弘
あみだ　なおひろ

1976年、北海道足寄郡陸別町生まれ。酪農学園大学を卒業し、親日家で知られるアメリカ・ウィスコンシン州のクレセント・ミード牧場で実習。帰国後、実家で就農し、2019年で20年を迎える。「北海道ホルスタインナショナルショウ」「北海道B&Wショウ」をはじめ十勝管内のショーで数々の上位入賞を果たす。また、ショーカウの毛刈りの第一人者として広く知られる。総数120頭（経産牛95、未経産牛85）を飼養。1頭当たり乳量約1万ｷﾛ。北海道ジュニアホルスタインクラブ運営委員会会長、十勝乳牛改良同志会連合会理事

■毛刈り用具一覧■

◆毛刈り用保定枠 ①

牛を保定するアルミ製の軽量の枠

◆毛刈り枠用ライト ②

明るい場所で毛刈りできるLEDライト。保定枠の上部に取り付ける

◆移動用台車

毛刈り用保定枠の移動に便利

◆保定枠用マット ③

牛、人が滑らないように保定枠の下に敷く

◆バリカン

大型 ④：頭、体、四肢などの部位の毛刈りに用いる　標準刃2.5ミリ、薄刃1ミリ

小型 ⑤：頭、尾、乳房、四肢や細かい部位に用いる　刃0.1～2ミリ

ハンディー（コードレス）⑥：主にトップラインの仕上げ、乳房の細かい箇所などに用いる

※バリカンは使い終えたら必ず掃除する

◆バリカン用替え刃 ⑦

デーリィマン社では種々の替え刃を取りそ

①毛刈り用保定枠

(21873)
毛刈枠　8フィート・アルミ製
長さ244センチ×高さ210センチ×幅86センチ
本体価格250,000円＋税

(21872)
毛刈枠　7フィート・アルミ製
長さ213センチ×高さ180センチ×幅86センチ
本体価格200,000円＋税

※毛刈枠の納期等は
別途お問い合わせ下さい。

②毛刈り枠用ライト

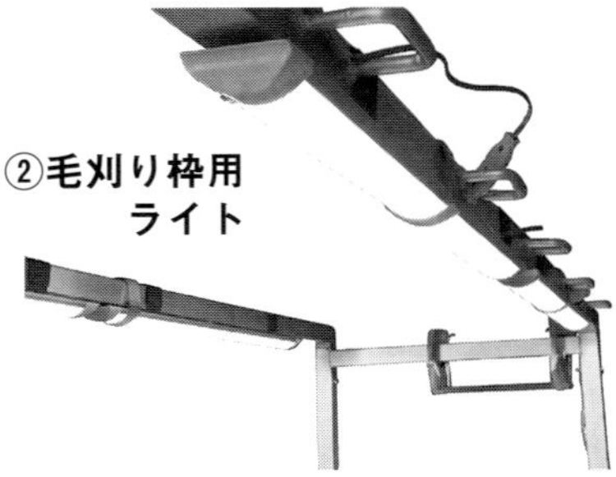

(21875)
毛刈枠用ライト
長さ90センチ
昼光色LEDベースライト×4
本体価格52,000円＋税

③保定枠用マット

(21870)
毛刈用マット
本体価格30,000円＋税

④バリカン 大型

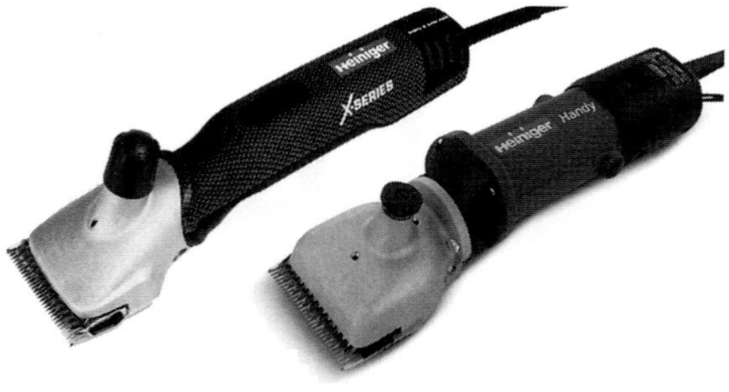

(13591)
ハイニガー
エクスペリエンス
標準刃31-23歯　替刃大型タイプ
本体価格65,000円＋税

(13600)
ハイニガー
コード付（アンデスコード付）
標準刃31-23歯　替刃大型タイプ
本体価格60,000円＋税

⑦バリカン用替え刃

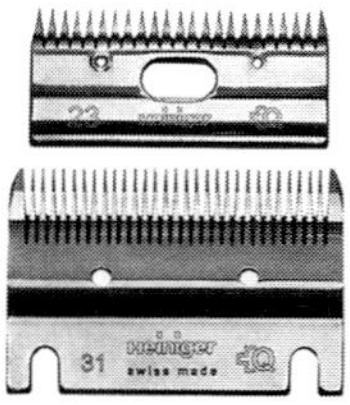

(14180)
ハイニガー替刃
普通刃セット
大型タイプ上下セット
31-23歯　2.5ミリ刃
本体価格7,900円＋税

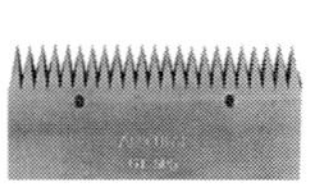

(14410) **GT505**
替刃大型タイプ　上刃
本体価格4,100円＋税

(14460) **GT511**
大型タイプ
下刃　ウス刃　1ミリ刃
本体価格7,200円＋税

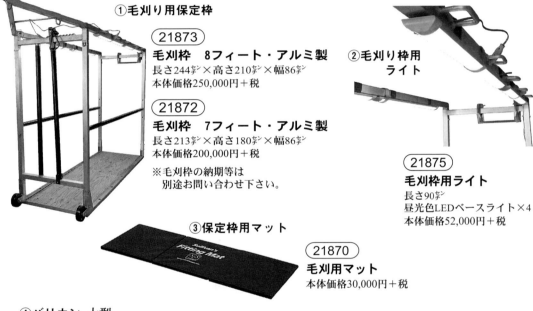

ろえている

◆昇圧器 ⑧

120ボルトのバリカンは100ボルトを120ボルトに変換する

◆潤滑油 ⑨

バリカンの刃の動きを良くし磨耗を防ぐ

◆ドライヤー ⑩

トップラインなどの毛を立てる際に用いる。ワット数が高く集風器（風出口）が狭いものを選ぶ

◆ドライヤー用ブラシ ⑪

トップラインの毛を立てる。牛体の毛の刈り残しを無くすために使用

◆ボディーブラシ ⑫

艶出しスプレーを塗る。ゴミ、フケの除去。毛並みを整える

◆ブロアー

牛体に付着したゴミ、特に毛の中に刺さったフケや短い毛などを除去する

◆スプレー ⑬

クリアーマジック：立てた毛を固める

ブラックマジック：毛の黒い部分に用いる

◆艶出し ⑭

毛の艶出し用に出品前の仕上げに使用

◆パウダー・パウダースプレー ⑮

ドライヤーで毛を立てるときや、飛節部など毛の剥げた部位に使用する

◆ハサミ ⑯

尾根、トップラインの毛をそろえるための仕上げに使用する

◆クリップ ⑰

毛刈り時に尾を振らせないよう補助的に使用する

◆ウェス・タオル

バリカンに塗布した潤滑油の拭き取りや道具の手入れ、出品牛の耳垢、鼻口部の拭き取りなど用途はさまざま

⑤バリカン 小型

(13640) **アルココードレス**

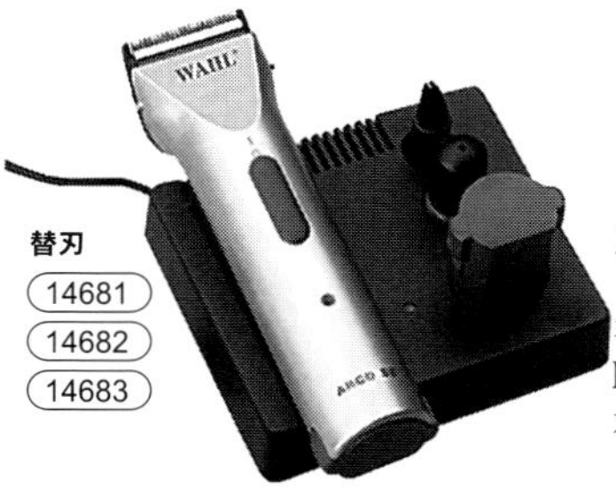

替刃
(14681)
(14682)
(14683)

スペアバッテリー
1個付
毛刈高0.7～3ミリ 5段階調節可
NiMH充電式バッテリー
本体価格30,000円＋税

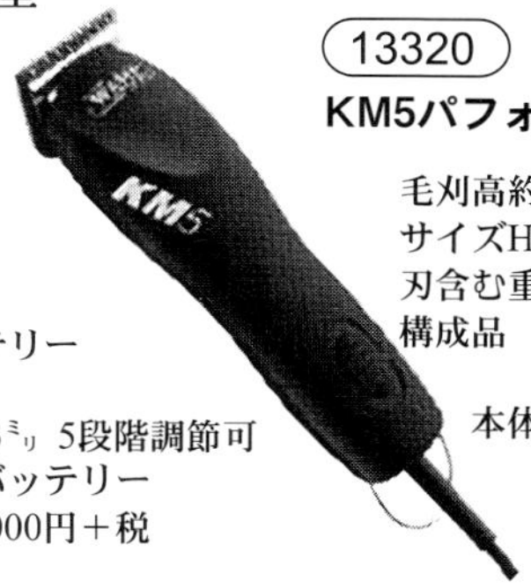

(13320)
KM5パフォーマンス

毛刈高約1.0ミリ 刃幅約49ミリ
サイズH約195ミリ×W約50ミリ×D約52ミリ
刃含む重量約365グラム
構成品 本体 刃（ドイツ製1.0ミリ）
クリーニングブラシ オイル
本体価格38,000円＋税

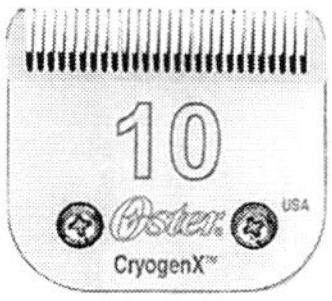

小型タイプの替刃
オスター替刃
（写真は#10）
本体価格5,800円＋税

(14300) **#30**
0.5ミリ刃
細仕上げ、特に乳房など

(14260) **#10**
1.5ミリ刃
標準刃で全用途向き

(14320) **#40**
0.25ミリ刃
極細仕上げ

(14280) **#15**
1.2ミリ刃
中仕上げ

(14321) **#50**
0.2ミリ刃
極細仕上げ

アンデス替刃
本体価格5,800円＋税

(14150) **#60**
SSアウトライナー
0.1ミリ刃

⑥バリカン ハンディー

(13645)
ナショナルプロコードレス
本体価格19,000＋税

※バリカンは使い終えたら必ず掃除すること

⑧昇圧器

13915
20アンペア　本体価格18,800円＋税

13920
30アンペア　本体価格39,800円＋税

⑨潤滑油

15220
クールループ
本体価格1,800円＋税

90003
箱買い、12本
本体価格20,600円＋税

※バリカンの刃の動きを
　滑らかにするスプレー
　刃先の冷却と錆止めに
　効果あり

⑩ドライヤー

15852
セリオッティ
ドライヤー
1,500ワット（100ボルト）
ノズル3種付　コード3メートル
イタリア製
本体価格26,000円＋税

⑪ドライヤー用ブラシ

ドライヤーブラシ（耐熱性）
15510　7列
本体価格2,500円＋税
15520　9列
本体価格3,000円＋税

⑫ボディーブラシ

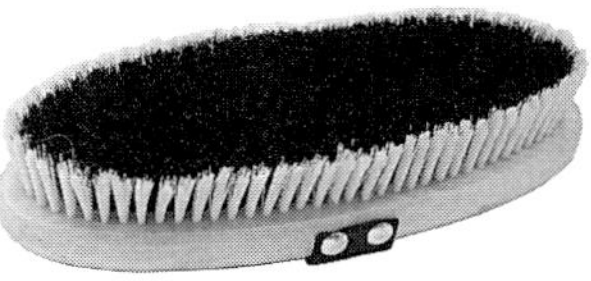

12230
ボディーブラシ
長さ22センチ
マッサージ、仕上げ用
本体価格2,500円＋税

⑬スプレー

15250
クリアーマジック
本体価格1,800円＋税
※立てた毛を固める、
　トップライン形成
　用スプレー

15651
箱買い、12本
本体価格16,800円＋税

15230
ブラックマジック
本体価格1,800円＋税
※毛の黒い部分に用
　いる、クリアーマ
　ジック使用後に使
　うカラースプレー

15652
箱買い、12本
本体価格16,800円＋税

⑭艶出し

15430
ワールドチャンピオン
本体価格2,800円＋税
※艶出し用スプレー

90012
箱買い、12本
本体価格32,600円＋税

⑮パウダー・パウダースプレー

15350
パウダー（輸入）
※トップラインをつくるときの補助
本体価格2,000円＋税

15270
ホワイトアンイージー
本体価格2,400円＋税
※牛体の変色している
　ところに使用

90006
箱買い、12本
本体価格27,800円＋税

⑯ハサミ

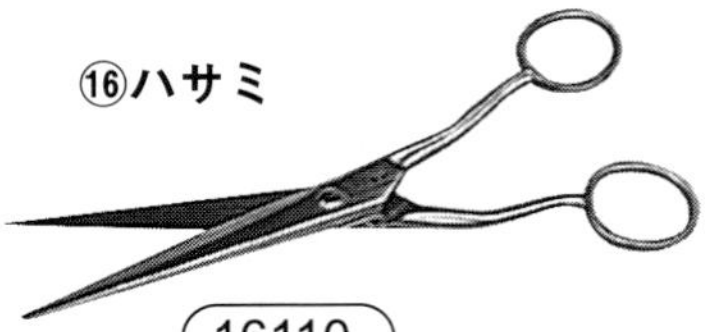

16110
毛刈りハサミ（エースクラップ製）
本体価格15,000円＋税

⑰クリップ

58700
テイルクリップ
※搾乳等の時、動き
　回る尾を挟んで押
　さえる
本体価格1,400円＋税

※（　　　）内の数字はデーリィマン社商品コード。本体価格は2019年9月1日現在のものです。

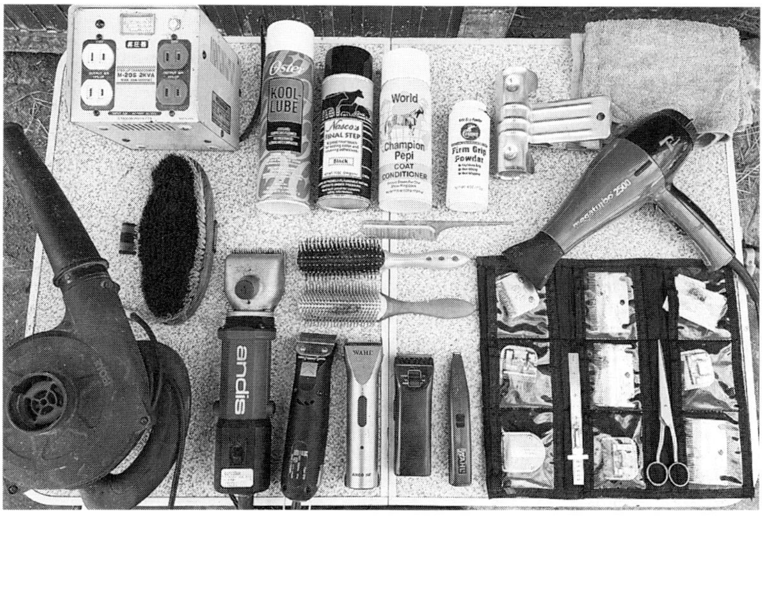
Oster
KOOL-LUBE
Nasco's
FINAL STEP
Black
World
Champion
Pepi
COAT
CONDITIONER
Firm Grip
Powder
andis
WAHL

乳牛の個体写真撮影のために

協力／㈻八紘学園 北海道農業専門学校

乳牛の機能的な体型の改良を進めるためには、体型の記録が必要であり、個体写真の撮影は体型の記録に最も重要な技術の１つです。また、乳牛の写真は乳牛改良の資料であると同時に、共進会や個体売買時の資料としても利用することができ、乳牛の長所を表現する撮影技術の良しあしが酪農経営に与える影響は大きいといえます。本稿は、乳牛の個体写真撮影のための基礎技術についてまとめました。

◆撮影場所の準備

酪農家なら乳牛の個体撮影に適した場所をあらかじめ選んでおき、いつでもそこで撮影できるように環境を整備しておきたいものです。

撮影場所を選ぶに当たって、最も大切なのは「真っすぐな線のある場所を避ける」ことです。牛の背線の上に、地平線や建物の横線が見える場所に牛を立たせないようにします。また板や瓦屋根、レンガなどの建物、窓枠、柵、電柱などがある場合は、それらの直線を隠す低木の茂みなどがない限り避けるようにします。横線は牛の背線と、縦線は後肢の角度などと比較されて、牛の欠点を誇張してしまいます。背線の弱い牛を建物の前に立てると、より背線を弱く見せてしまいます。

また電柱や大きな木、細かいものが入り乱れる背景は、牛を落ち着きなく粗野に見せるし、背景に負けて牛が目立たなくなります。

放牧地などの広い背景が望ましく、背景とカメラの焦点距離の調節によってぼやかせる条件であれば、なお好都合です。放牧地の地平線、あるいは牧柵などが画面に入る場合は、カメラの位置を低くして地平線や牧柵の横木が牛の背線の下になるよう配慮します。牧草地は肢（あし）元の草を刈って、牛の蹄まで写るようにします。

広い撮影場所がないときは、低木の茂みの前を選ぶ、あるいは葉の茂った木の枝を建物に立て掛けて背景をつくるのも一方法です。この場合、葉の大きな広葉樹よりも細かく密生した針葉樹が好適です。ショー会場で入賞牛を撮影する場合、あらかじめ低木を植え込

建物や牧柵など真っすぐな線のある背景を避ける。背線や肢の角度などが背景の直線と比較されて欠点が強調される

電柱や大きな木、細かい物が乱雑にある背景を避ける。牛が背景に負けて目立たなくなる

んで、会場に常設撮影場を設けているところもあります。

小石がある場所、凹凸や傾斜がある場所、蹄が埋まってしまう砂地は避けましょう。牛の蹄が傾斜するような斜面には、牛を立たせないようにします。もし牛の前肢を高くする必要がある場合には（ほとんどの牛はそのようにする必要がある）、前肢と後肢がそれぞれ水平に立てるような場所を選ぶか、地面を削るあるいは盛り土して、そのような場所をつくってやります。傾斜地に立たせるのではなく、前後肢それぞれ高さの違う水平面に立たせることです。

牛から十分離れた距離から撮影するなら、さほど問題は起こりませんが、ファインダーの上の線と比較して、必ず牛の前躯(ぜんく)が高く、後躯が低くなるように構図をとってください。

牛の前肢を高くするといっても、必要以上の高さは禁物です。牛の年齢と体の構造に応じて、最も美しく写る高さを選びます。背線が極端に弱くて下がっている牛は、前肢を思い切って高くし背線が低い方へ流れるように構図をとってください。欠点がかなりカバーされます。しかし、このポーズは背線の欠点をいくらかカバーしても、肩付きや後肢などに逆の影響を与えることがあるので、その点を考慮する必要があります。高くする場合は、前肢の部分を高くする方が牛を立たせやすく、後肢の部分の地面を削るのは、なるべく避けるべきでしょう。

焦点距離を調整して背景をぼかすと牛のラインが鮮明になる。背線部分の斑紋が白がちの牛の場合は背景をぼかす、あるいは空を背景にするのは避けるべき

背線部分の斑紋が白がちの牛は近くに立ち木を設けると理想的。立ち木は広葉樹より針葉樹の方がよい

草地で撮影する場合は蹄が隠れないように少なくとも13平方メートル程度は草を刈り取る

削ったくぼみに牛はなかなか蹄を入れたがりません。ぴょんと飛び越えてしまうことが多いものです。また高いところへ前肢を誘導するときには、頭絡を持っている人がその上に上がって見せて牛を誘導すると、牛が安心して高いところに立つようになります。

牧草地を削ったり盛り土したりするとき、その部分の草が切れて、体裁の悪い画面になることがあります。その付近全体の草を刈る、あるいは肢の周囲一面に土をまくなどの配慮が必要です。

前肢の高い場所を探す代わりにあらかじめ木製の台を準備することをお勧めします。台は縦・横60センチ程度の正方形で、厚さ5センチ程度の板でつくります。台は切った草やサイレージあるいは土できれいに隠して撮影します。この台にも人間が乗って見せると、牛をより容易に誘導できます。

撮影場所が準備できました。いよいよ個体撮影です。

◆牛の保定と助手

個体写真を迅速かつ効果的に撮影するに

撮影には撮影者のほか、前・後肢の位置を直す人（左右各１人）、頭絡を持つ人、牛の注意を引きつける人（耳を立たせる人）の計４人の助手を確保したい。ポーズが決まったら静かにそして速やかにカメラの視野から出ていく

は、撮影者のほかに最低４人の助手が付くことが望まれます。１人は頭絡を持って牛を保定しさらに頭を持ち上げます。ほかの２人は牛の両側面に１人ずつ付いて、牛の肢の位置を直します。残りの１人は撮影者がシャッターを押す直前に、牛の注意を引いて耳を前に向かせる役目です。

頭絡を持っている人は、牛が所定の位置に着いたら、牛体を動かさないよう頭を両手で押えます。体側に付いて肢の位置を直す人たちは、一方の人がその人の側の肢の位置を直しているときに反対側の人は体を牛に密着させて、牛が横に動かないようにします。肢の位置を直す人が１人の場合、右側を直しているうちに左側が動くというように、せっかくできたポーズを崩してしまうことがあります。

肢を動かす人は静かに、しかも素早く行動しなければなりません。急激で粗暴な動作は牛を驚かせ、動かせてしまいます。背中か肩を牛に押し付け、もたれさせて、肢の重さを軽くしながら副蹄を持って、撮影者が指示する位置に肢を静かに運びます。運んだ肢に牛が体重を移さず、蹄を浮かしていることがあります。その時は背線や腰を軽くつまんで安定させます。後肢の場合は前肢を持ち上げるようにすると、体重が四肢に平均してかかるようになります。

肢が適正な位置に置かれ、牛が安定したら、牛の頭をカメラの方に少し曲げます。あまり曲げ過ぎないように、カメラと反対側の耳の先端がカメラに写る程度です。こうすると鼻梁（びりょう）と、顔の正面がやや写真に写り、しかも頸（くび）の縦じわがよく表現されます。頭絡の引き手は、あらかじめカメラと反対測の方から引き出して、シャッターを切る瞬間には、できれば引き手だけを上に引いているのが望ましい形ですが、落ち着きのない牛は、カメラと反対測の頬のところで頭絡を固定します。頭絡は顔にぴったり合うものを選び、ベルト部分をあらかじめ調節しておきます。

大体の準備ができたら、牛の注意を引く人が、牛の向いている方向の真っすぐ前方で、声や音を出したり、牛に向かってしゃがみながら近づいたりして、牛の注意を引き、耳を前方に向けさせます。注意を引く人は休みなしに、撮影が終わるまで連続的にその動作を続けます。その間に肢の位置を直す人は、牛に気づかれないように静かに、カメラの視野から出ていきます。

牛の引き付け方
頭絡を持つ人は撮影場所まで牛を引き付けたら、両手でしっかり頭絡を持ち、牛を静かに半歩くらいずつ動かし、ポーズをとる位置まで引き付ける。無理に牛を引いたり頭絡に力を入れ過ぎないよう注意する

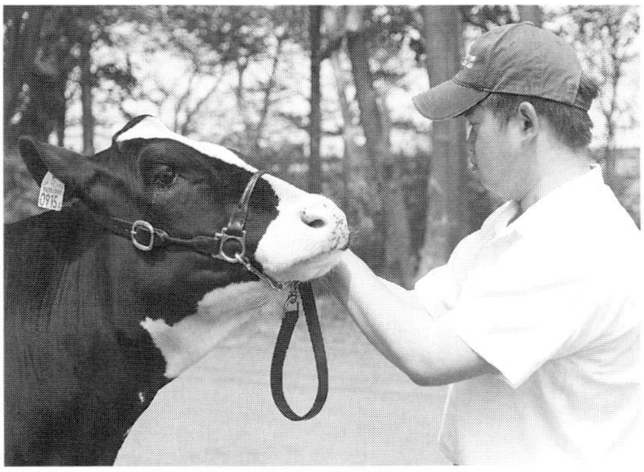

頭絡の持ち方
頭絡を持つ人が先を急ぐと不思議に牛がそれを察知して動く。腰を据えて牛と根比べするつもりでじっくり対応する

肢の位置を直す人はその牛のクセを早く察知した上で行動に移り、触れられるのが嫌な肢の位置を先に決める。前肢は牛の肩に体を密着させ肢を持っても牛が不安定にならないようにする

両手で副蹄を持ち、力を入れ過ぎないように移動する（肢を持ち上げるのではなく、ずらす感覚で）。あらかじめ肢を置く場所を点検しておき小石などは除いておく

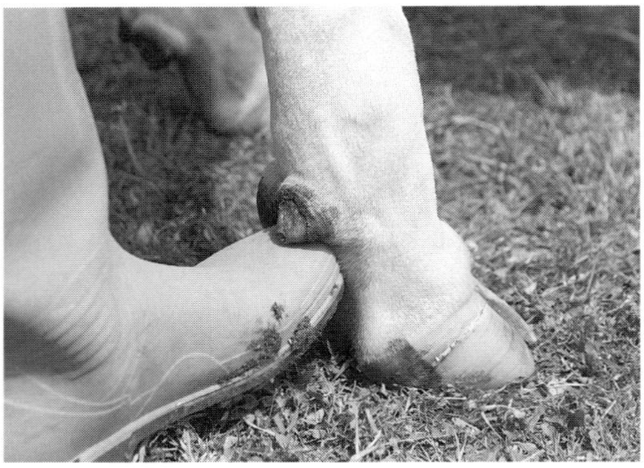

もし、どうしても肢を持つことができない場合（牛が嫌がる）、肢を前に出すならつま先を副蹄にかけて移動させる

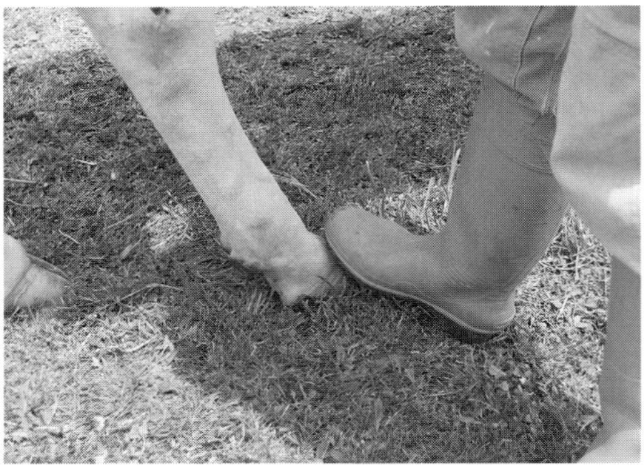

肢を後ろに下げる場合は蹄冠部を軽く踏んで移動させる。いずれの場合も２人で挟み込むようにする。神経質で部分的に触れられるのを嫌がる牛の場合はあくまで静かに行動する

後肢も手で持つのが理想だが神経質な牛の場合、蹴られてケガをすることもあるので十分注意すること。前肢と同様に２人で挟み込んで位置を決める。頭絡を持つ人も呼吸を合わせ、牛を前に出したいときは少し引き気味に、後ろに下げたいときは少し押し気味にして動いた瞬間に停止する

調教が不十分な牛は、肢を頻繁に動かすし、耳をなかなか前方に向けないので、何度もやり直さなければならないでしょう。そのような牛を写す場合は、カメラマンも助手も大変な根気が必要です。決していい加減なポーズに満足せず、最高の写真を撮るように心掛けましょう。撮影前の調教もさることながら、スタッフが穏やかに根気よく、忍耐を持って行動することが望まれます。

牛の注意を引くために、いろいろな人がいろいろな方法を考案しています。毛布をかぶってしゃがみ動物がほえるような声を出しながら牛に近づく、あるいは離れるように歩き回るのが効果的のようです。しかし牛にもいろいろ個性があるので、バケツなどをたたいて音を出す、猫、犬、子牛などを牛の前に連れ出し注意をひく、帽子などを振り回す、テープレコーダに吹き込んだ音や動物の鳴き声を聞かせる—など、いろいろな方法を試してみましょう。何か怪しいものに瞬間的に注目するという姿は、牛の機敏な活気のあるポーズをつくりだすのです。しかし、いずれの場合も牛を驚かせ過ぎてはいけません。

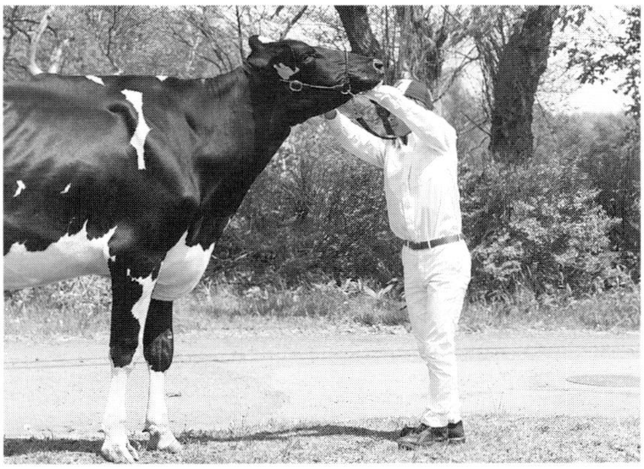

撮影時の頭絡の持ち方
頭絡・人間の手は牛の顔の美観を損ねないようカメラの反対側に置く

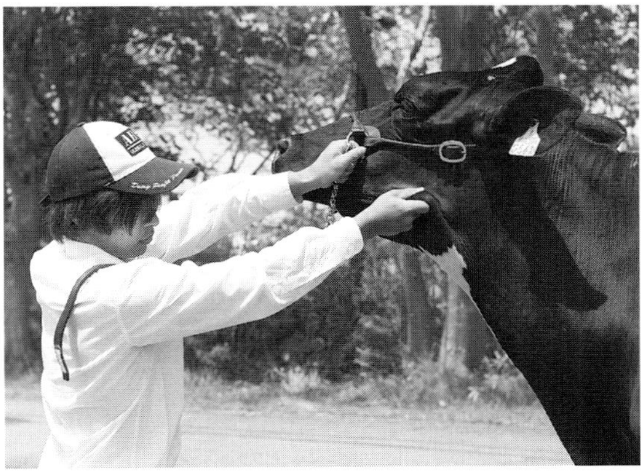

撮影時の頭絡の持ち方
左手で頭絡を持ち右手で顎垂をつまむ。顎垂から胸垂まで鮮明に見える

助手の仕事、ポーズの取り方に触れました。次は肢の位置について説明しましょう。

◆経産牛の肢の位置

経産牛は一般に右側の乳房形状が左側より優れているので、ほとんどの場合は右側から撮影します。もし左側の乳房の方が絶対的に優れている場合、あるいは乳房のほかに右側に欠点がある場合、粗野に見える斑紋の場合は、左側から撮影しても差し支えありません。

搾乳牛の肢は、カメラ側の前肢のほんの少し後方に反対側の前肢を置いて、両前肢の間から光線が見えるようにします。前肢は蹄尖（ていせん）を真っすぐ前に向け、両肢をなるべく広く立たせると、胸底の広さが強調されます。しかしあまり広くし過ぎると肩甲骨やき甲部にまで不自然さが及ぶので、カメラマンは注意深く観察しながら前肢の位置を指示します。

後肢は、カメラと反対側の肢（軸肢）を後ろへ引いて、飛節から球節までの後縁の線が、地面と垂直に、しかも坐骨端から地面に下ろした垂直線と合致するようにします。

しかしこれは、極端な曲飛や後乳房の付着が弱い牛では、欠点がより誇張されてしまいます。その場合は、前述の垂直線よりやや前に踏み出させます。そして、飛節周辺を尾房で隠すようにして、後肢の曲がりをカバーします。

搾乳牛の場合はカメラ側の前肢の少し後ろに反対側の前肢を置き両前肢の間から光線が見えるようにする。後肢は後乳房の付着が見えるようにカメラ側の後肢を前に出す（このため後乳頭が肢に隠れてもよい)。後肢の踏み込み加減は体型や乳房の形によって決まるが、カメラ側の前乳頭のやや後ろに反対側の乳頭が見えるようにカメラを位置する

カメラ側の後肢は、後乳房の付着面を見せるように前に踏み出させます(踏み込み肢)。このときは、あるいは後乳頭を隠すかもしれません。また仮に乳房底面が水平で、後乳頭と前乳頭の間隔が長く、後乳頭がぐっと後方に着いているような牛なら、カメラ側の前乳頭と後乳頭の間に肢が立つことになって乳頭の全てと、しかも後乳房の付着がともによく写ることになります。乳頭の前後間隔の短い牛、あるいは後乳頭に欠点のある牛は、カメラ側の肢で隠してしまって良いわけです。

乳頭が望ましい方向にないときには、乳頭を手でしばらく反対側の方向に押え付けておき、素早く手を離して、乳頭が次第に元に戻って、ちょうど望ましい位置にきたときにシャッターを切ると欠点をかなりカバーできます。

経産牛を写すときのカメラの位置として最も望ましい角度はたった一つ、しかも最も重要な原則があります。カメラのファインダーをのぞいて、カメラ側の前乳頭の、幾らか後方に反対側の前乳頭が見えるようにカメラを位置することです。こうすることによって、牛全体の釣り合いが、乳用牛に望まれる楔(くさび）型や後躯の充実さ、後乳房の付着点を写し出します。

カメラ側の前乳頭の前に反対側の前乳頭が見えるような状態は、牛の前躯を誇張し、前のめりの重く粗野な肉牛タイプに見せてしまいます。また牛に接近し過ぎてカメラを牛の下からのぞくような形で構えると、腰角が空に突き出た後躯が誇張され過ぎた写真になります。牛から７～９メートル離れた位置で、人間が

腰角が高く背線上に出る場合は、カメラの反対側が出るケースではカメラ側の後肢の踏み込み過ぎか浮いている場合が多い。後肢に体重が平均してかかっていないためで体重のかかり過ぎた方の腰角が高くなる。またカメラの位置が低いために腰角が飛び出ることもあり、普通は身長165㌢の人ならその目線の高さで写すのがよい

中腰でしゃがみ込んだ格好にならずに、立ったままの目線にカメラを置くことです。

素晴らしい前躯だから、あるいは顔が素晴らしいから、さらには乳房が素晴らしいから、という理由で、特に前方から写す、あるいは下方から写す人がいますが、後躯は乳牛の仕事部屋であり牛にとって最も大切な部分です。この部分の美観を損ねるような写真は価値が半減してしまいます。

前躯や顔の良い牛は、全姿の写真とは別に、部位写真を撮影すべきです。素晴らしい乳房のアップ写真は、それはそれで有効利用の道があります。また印象的な顔の写真は便箋や封筒あるいは広告に使うなど、いろいろな使用目的があるでしょう。

◆未経産牛と雄牛の肢の位置

未経産牛と雄牛の写真の場合は経産牛と肢の位置が違います。

未経産牛と雄牛はカメラの右の方に向いていたら、右（カメラ側）の後肢を後方に引いて（軸肢）、左（反対側）の後肢はいく分前に出します（踏み込み肢）。カメラ側の後肢は、地面に垂直に立たせるか、あるいはほんのわずか後方に引く程度です。左（反対側）の後肢を前に出し過ぎると左の腰角が盛り上がり、右（カメラ側）の腰角は低くなって、牛はゆがんだ外貌になります。腰角が水平で

よい角度から写した例
後乳房の付着点がよく見えることが要点で表情や頸の柔らかいしわ、前・後肢の開き具合もほどよい

悪い角度から写した例
カメラの位置が前方過ぎ、前のめりの粗野な体型に見える。適度な体型を示すようアングルを決める

未経産牛や雄牛は後肢の位置を搾乳牛と反対に置く。カメラの反対側の後肢を出し過ぎるとカメラ側の腰角が高くなるので要注意。カメラ側の後肢は地面に対して真っすぐに立たせる。前肢は搾乳牛と同じ。カメラは牛の中央より後躯の方に寄って位置する。未経産牛の場合、大切なのは若さを表現することで、カメラは中央からいく分後方に位置して前がちにならないように注意する

なければ腰が強く見えません。前肢は経産牛の場合と同じで、両前肢の間に空間ができ、光線が見えるように、カメラと反対側の前肢を少し後ろに引きます。

◆牛群の撮影

父・母系牛群や母娘牛群など、3、4頭のグループの写真も時に必要となります。グループの場合のポーズも、1頭ごとには個体の場合と同じ肢の位置で写します。

グループの写真を撮影するには、個体撮影よりも広い場所が必要です。カメラの位置は1頭だけを写すときよりやや後方から、しかも少し上方から、できれば脚立や台を使って写します。

牛の並べ方は、1番手前の牛の後ろに、次の牛の乳房がすっかり見える位置まで下がり、さらに3番目、4番目とずらしていくようにします。並んだ3頭なり4頭なりが、そろってポーズをつくらなければならず、個体撮影以上にたくさんの人手と根気のいる仕事になり、ある程度の熟練も必要です。

牛はそろって頭を上げるよう1頭に1人ずつ助手がつき、牛に付いている人は、牛の前にしゃがんで牛の頭を高く持ち上げます。頭の高さをそろえることがグループの斉一性を強調します。

並べ方は自由ですが、なるべく大きい牛を後方にすることです。体型の良い牛が手前になるようにすると有利です。おとなしい牛の位置を先に決め、最後に神経質な牛を静かに列に引き入れるようにします。

◆部位の写し方

これまでは側望の写し方について述べてきましたが、牛の深みや特に優れた部位を記録するには、後望などを写しておくべきです。一般には乳房と顔のクローズアップが多いのですが、後方から乳鏡を狙ったり、同じ後方でも脚立に上り高い所から狙うと、背線や肩、体の幅を記録することができます。

◆姿勢の直し方

シャッターを切る前に、少し手を加えて姿勢を直す技術が、牛の写真に驚くような変化をもたらします。それには直し方の技術もさることながら、どんな体型が望ましいかというカメラマン自身の審査眼も影響します。その意味で良い写真を撮影できるカメラマンは、牛の見方を熟知しているといえます。シャッターを切る瞬間には、カメラマンはあらゆる状態を素早く観察して、助手に注意を与え、ここぞと思うときに一瞬の遅れもなくシャッターを切ることです。

頭絡を持っている人は、その人の一部または全部がカメラに収まります。頭絡を持っている人がぼんやりと牛のそばに立っているようでは、牛そのものの活気を失ってしまいます。人も緊張に満ちあふれているようなポーズと表情が必要です。人間の目はカメラの方を向かず、牛に注目して、足は若干開いて中腰になった方がよいでしょう。

正しい位置に牛を立たせてもなお、生来背線あるいは腰の弱い牛は、乳房の付着点、あるいは下膁（けん）部の弧形を成している部位の皮膚をつまんでやると、一時的に背線が盛り上がります。特に腰だけが沈んで、坐骨や尾根が盛り上がっている牛は、尻の上面の皮膚を坐骨端の方にたぐり寄せるようにすると腰が持ち上がってきます。

反対に背線を丸める、背線が盛り上がっている牛は、背あるいは腰のあたりの背骨を軽くつまむと背線は真っすぐになり、牛が伸び伸びとした姿勢になります。坐骨関節が低く、尻が傾斜している場合は、腰角の少し前あたりの背骨をつまむと、腰が低くならずに坐骨関節が上がってきます。

腰が低い、たるんでいる牛は、尾根部をほんの少し押えるだけで腰を高くすることもできます。尾根が太く盛り上がっている牛、また発情などでそのようにしている牛は、尾根を静かに押さえて、しばらく尾を下に引っぱるよ

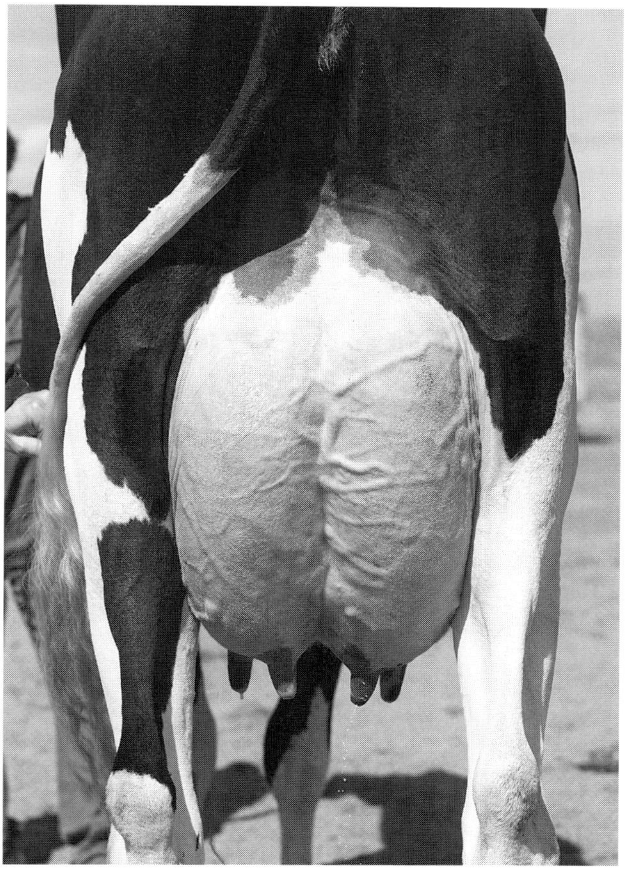

乳房
カメラと反対側の乳頭が見えて、乳房の付着部までとらえることが必要

牛が活気を失わないように頭絡を持つ人も真剣なポーズと表情が必要

背線を丸める、盛り上げる牛は、背や腰のあたりの背骨を軽くつまむと背線は真っすぐになり伸び伸びする。力を入れ過ぎると背線が下がり過ぎるので注意する

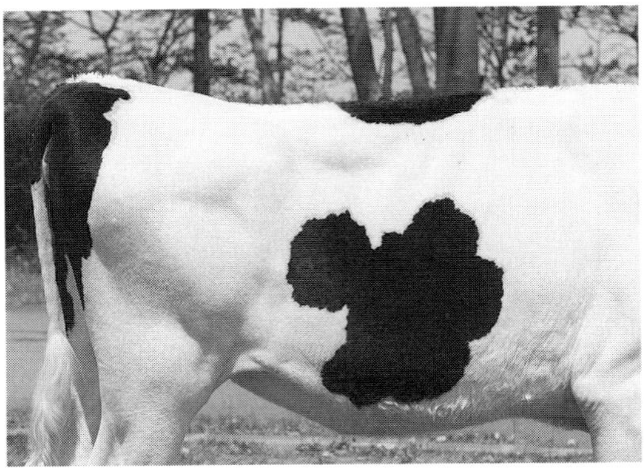

腰の矯正
背線や腰が弱く、たるんでいる牛

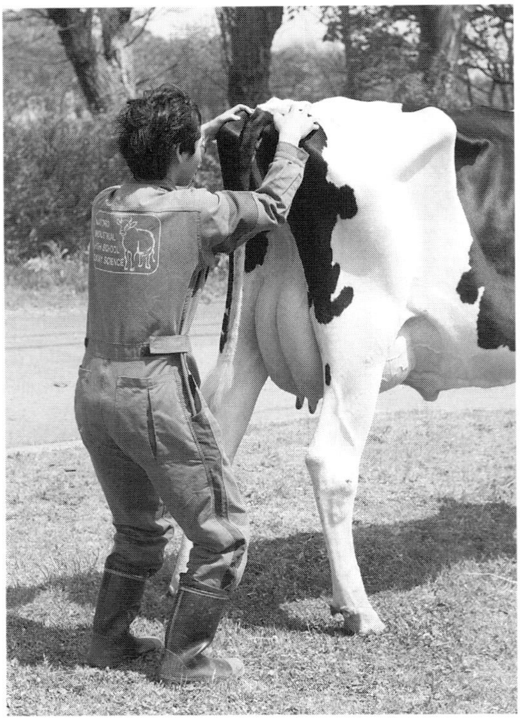

腰の矯正
腰が沈んで尾根が盛り上がっている牛は、尻の上面の皮膚を坐骨端の方にたぐり寄せると腰が上がる

腰の矯正
乳房の付着点や下膁部をつまむと一時的に背線が盛り上がる

うにし、素早く手を離して、その瞬間にシャッターを切るのも一つの方法です。

肩甲骨が浮き出て、肩端が突き出しているような牛は、カメラと反対側の前肢の位置を３センチ程度高くし、牛がカメラ側の肢に体重をかけるようにして、同時に牛の肩をカメラ側に押すようにするとかなり良い格好に改善されて見えます。完全に矯正はできなくても、ぜひ試みるべき方法です。

前肢は前述したように蹄尖を真っすぐ前に向けて、なるべく幅広く立たせ、胸底の広さを強調します。

飛節が内側に曲がっていたり、両飛節が接近している牛は、手で飛節を広げて真っすぐにしたり、正しい位置に直したりすることができます。ゆっくりと力を入れて押すのも良いことですし、時には瞬間的に急激な力を入れてやるのも一方法です。助手のやり方いかんにもよりますし、また牛の個性や気質によっても変えてやるべきです。

全ての準備ができました。望ましいポーズはそんなに長くは続きません。さあ、素早くシャッターを切りましょう。

牛個体写真の撮影法をご理解いただけたでしょうか。仲間同士でそれぞれ撮影者、牛の持ち手、助手と役割分担とて愛牛の撮影を試みてはいかがでしょう。

※本稿は「牛の写し方」(1972年、デーリィマン社)をベースに編集しました。

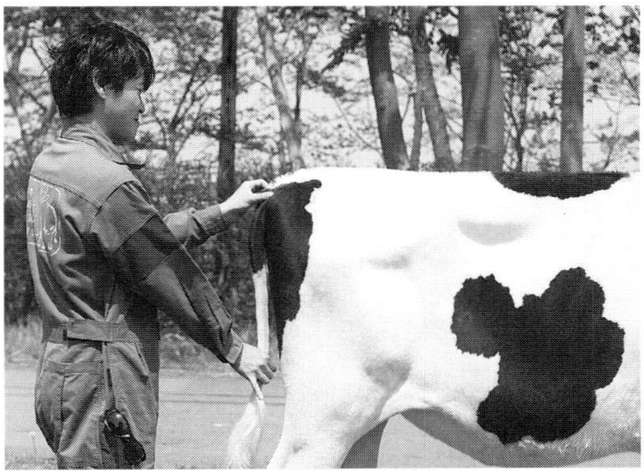

尾根の高い牛は尾根を手で軽く押し付けて下に引っ張るようにする

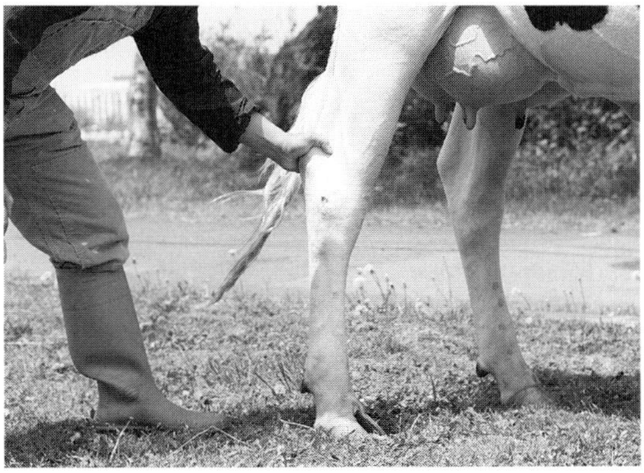

X状後肢の矯正
後肢の両飛節が接近しX状を呈している牛は位置を決めて牛から離れる直前に、飛節を手で開いてやるといく分直る。牛が動かないよう慎重に対応する

「全日本ホルスタイン共進会」上位入賞牛で見るホルスタイン改良の歩み

わが国ホルスタイン雌牛の体型改良を半世紀以上にわたりけん引してきた「全日本ホルスタイン共進会」(以下、全共)。ここではホルスタイン改良の歩みを概観するとともに、第11、12、14回全共上位入賞牛の写真で体型改良の変遷をたどります。

改良の成果を内外に発信した第14回北海道大会

わが国ホルスタインショーの頂点に位置付けられる「全日本ホルスタイン共進会」(主催・(一社)日本ホルスタイン登録協会)は戦後の復興著しい1951(昭和26)年、神奈川県平塚市で第1回大会が行われ、以後、おおむね5年に一度開催され今日に至っています(**表**)。この間、各都道府県で選抜されたえりすぐりの乳牛が一堂に会し改良の成果を競う場として定着、併せてわが国の酪農振興に多大な貢献を果たしてきました。

2010年に開催が予定されていた第13回大会は同年、宮崎県で発生した口蹄疫により翌年に延期され、さらに11年は東日本大震災とそれに伴う東京電力㈱福島第一原発事故の発生により中止を余儀なくされました。不幸な出来事を乗り越え15年に開かれた第14回北海道大会には史上最多となる374頭が出品され、10年のブランクを感じさせない改良の成果を内外に発信したのです。

国際的調和と統一の下で進める乳牛改良

ホルスタイン種改良の歩みを「ホルスタイン通信」2010－6(北海道ホルスタイン農業協同組合)は次のように紹介しています。

—宇都宮仙太郎翁を始めとした先達が血統の記録が明確なホルスタイン種牛を輸入・導入したのが今から100年余り前の1907(明治40)年でした。これが北海道、ひいてはわが国のホルスタイン種改良の起点・先駆けとなり、その基礎をつくりました。「日本における主たる乳用牛はホルスタイン種である」と政府による政策決定がなされたのが1912(明治45)年でしたが、当時は人工授精の技術は研究段階にあり、実用化のレベルには至ってなく、改良あるいは増殖という言葉はあったものの、自然交配による1対1の世代の積み重ねのため、その進展は現代からみれば遅々としたものでした。

時代は昭和に入り、戦後復興とともに牛への人工授精が徐々に増加し始め、1950(昭和25)年に家畜改良増殖法の公布を得て人工授精の基盤が確立され、改良の速度が高まりました。第1回全共が開催されたのはこの時です。

1965(昭和40)年ごろには凍結精液の実用化が進み、それまで限定されていた時間と距離の制約が取り払われ、利用効率の飛躍的向上があり名実ともに改良の時代を迎えました。この後、牛群検定の普及や後代検定の実現、さらに受精卵移植技術が確立され、現在においては登録情報とともに体型と能力のデータを加えた統計分析や科学的検証が行われ、情報を駆使した改良が鋭意進められており、結果として日本ホルスタインは、世界水準の種雄牛が輩出されるまでになり、雌牛の生乳生産能力においては世界トップクラスにまで引き上げられています―

さらに近年の乳牛改良は国際的な調和と統一の下に進められるのが特徴です。ホルスタインの審査標準も生産寿命と生涯生産性を高めるもの、とする世界ホルスタインフリージアン連盟の勧告が出されました。わが国ではこの勧告に従い、07年に乳器や肢蹄などを重視した審査標準に改定され今日に至っています。

20年には宮崎県都城市で第15回全共が開催されます。国際的な統一基準の下で進められてきたわが国ホルスタインの改良がどのような成果を生むか、大いに期待されます。

第11、12、14回全共で上位入賞を果たした乳牛の写真を掲載しました。わが国ホルスタイン改良の歩みを目で確かめていただければ幸いです。

表　全共の開催年・開催地・参加都道府県数・出品頭数

	開催年	開催地	都道府県数	出品頭数
第１回	1951	神奈川県	30	157
第２回	1956	静岡県	36	200
第３回	1961	長野県	42	226
第４回	1966	福島県	42	278
第５回	1970	愛知県	44	295
第６回	1975	兵庫県	44	291
第７回	1981	群馬県	46	298
第８回	1985	岩手県	44	297
第９回	1990	熊本県	45	293
第10回	1995	千葉県	45	298
第11回	2000	岡山県	44	297
第12回	2005	栃木県	44	303
第13回	中止※			
第14回	2015	北海道	42	374

※第13回は2010年に予定されていたが、国内で口蹄疫が発生したため翌年に延期後、11年の東日本大震災・福島第一原発事故発生により開催中止となる

(一社)日本ホルスタイン登録協会

全日本ホルスタイン共進会
第11、12、14回大会上位入賞牛

2000（平成12）年
第11回 岡山県大会

名号　父牛名号
登録番号　生年月日（平成）
検定時年齢(歳)　検定日数(日)　搾乳回数(回/日)　乳量(kg)　乳脂量(kg)　乳脂率(%)　乳タンパク質率(%)　無脂固形分率(%)　SCM(kg)　**出品者　住所　氏名**

名誉賞　未経産　第1部〜第5部

第5部優等賞1席　ロンゲスト　ビューテイー　ゴールド　ベル　ホープ　ローマンデール　エラ　ゴールドバツク　イーテイー
6931648　10.12.04
岡山県真庭郡川上村　長恒　泰治

最高位賞・名誉賞　ベストアダー賞　経産　第10部〜第12部

第10部優等賞1席　オラホーム　ブレンダ　デユリーガル　スター　ET　デユリーガル　アスター　スターバツク　ET
6555699　07.11.20
3.1　305　2　11,026　393　3.6　3.2　8.8　10,335
岡山県津山市　永礼　淳一

名誉賞　ベストアダー賞　経産　第6部〜第9部

第7部優等賞1席　コージ　ダークスター　エデン　ハードリー　ダークスター　ET
6900625　09.12.20
熊本県熊本市　米野　浩二

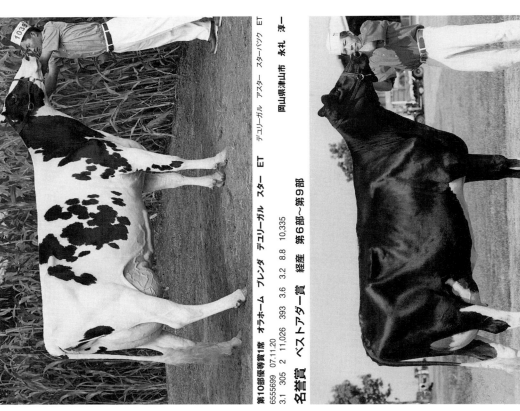

準名誉賞　未経産　第１部〜第５部

第4部優等賞1席　フアピオラ　チヤールズ　リンダ　　エー　タウンソン　リンデイ　イーテイー
6985538　11.03.25
北海道紋別郡遠軽町　菊地　敏明

準名誉賞　経産　第10部〜第12部

第11部優等賞1席　ケーエフ　ライル　テナ　　ライルヘイブン　スター　ET
6378851　07.09.02
3.5　237　2　9,018　351　3.9　3.2　8.8　8,848
岡山県真庭郡久世町　森田　一文

準名誉賞　ベストアダー賞　経産　第６部〜第９部

第9部優等賞1席　ウイス　ジユラー　ピカソ　　ケーイーデイー　ジユラー　ET
6751664　08.12.17
2.2　305　2　10,553　375　3.6　3.2　8.8　9,900
愛知県豊橋市　伊藤　光俊

第1部優等賞1席　プリンセス　キユーテイ　マーカー　ミステイカル　　インデイアンヘツド　レツドマーカー　ET
7143694　11.10.23
北海道中川郡池田町　中村　和徳

第2部優等賞1席　スーリン　キャンデイ　フローラ　ボーレツト　チヤールズ　ET
7081920　11.08.10
兵庫県三原郡南淡町　藤田　隆

第3部優等賞1席　イーエルブイ　エバ　リンカーン　スターダスト　ブラウンデール　スターダスト
6996350　11.05.27
北海道紋別市　植村　栄司

ベストアダー賞

第6部優等賞1席　モナーク　ジユラー　エクセル　ケーイーデイー　ジユラー　ET
6961640　10.09.03
北海道天塩郡豊富町　中野　正敏

第8部優等賞1席　ハツピーベル　ウオーレーガン　メリツト　ET　ブラバント　スター　パトロン　ET
6767501　09.09.25
北海道夕張郡長沼町　福屋　智

第12部優等賞1席　ヨシノファーム　デ　ラツクス　ジエス　　リアクレストビユー　ジエス

5986883　05.02.15

5.8　305　2　9,540　498　5.2　3.7　9.5　11,338　　**岡山県小田郡美星町　川上　泰介**

2005（平成17）年
第12回 栃木県大会

名号　　　　　　　　　　　　　　　　　　　　　　　　　　父牛名号
登録番号　生年月日（平成）
検定時年齢（歳）　検定日数（日）　搾乳回数（回/日）　乳量（kg）　乳脂量（kg）　乳脂率（%）　乳タンパク質率（%）　無脂固形分率（%）　SCM（kg）　**出品者　住所　氏名**

名誉賞　未経産　第１部～第５部

第5部優等賞1席　セジス　ビユーテイ　アスター　チヤンピオン　　カルプレツトアイ　H　H　チヤンピオン　ET
0317703878　15.12.16
北海道上川郡清水町　高橋　喜一

最高位賞・名誉賞　経産　第10部～第12部

第10部優等賞1席　エルムレーン　スカイチーフ　サニー　ET　　ドナンデール　スカイチーフ　ET
0629906172　13.04.20
2.1　305　2　12,265　415　3.4　3.1　8.8　11,293
北海道恵庭市　福屋牧場

名誉賞　ベストアダー賞　経産　第６部～第９部

第7部優等賞1席　グリーンハイツ　マーチ　マウイ　ET　　マラソン　BW　マーシヤル　ET
0780102444　15.03.06
北海道旭川市　加藤　智宏

準名誉賞　未経産　第１部～第５部

第3部優等賞1席　セジス　ビユーテイ　クリーメル　ギブソン　　シルキー　ギブソン　ET
0239904230　16.06.17
北海道上川郡清水町　高橋　喜一

準名誉賞　ベストアダー賞　経産　第６部～第９部

第8部優等賞1席　リバーフアーム　エステイメイト　ダーハム　クツキー　　レーガンクレスト　エルトン　ダーハム　ET
1000276846　14.09.08
栃木県宇都宮市　川田　佳男

準名誉賞　ベストアダー賞　経産　第10部～第12部

第10部優等賞2席　グリーンハイツ　マーク　ダーハム　ET　　レーガンクレスト　エルトン　ダーハム　ET
0780101997　13.03.27
2.2　305　2　9,596　343　3.6　3.3　8.9　9,126
北海道旭川市　加藤　智宏

第1部優等賞1席　レデイスマナー　フアースト　ラヴ　　オシアナ　アストロノミカル　ET
0275805966　16.09.06
北海道河西郡更別村　天野　洋一

第2部優等賞1席　ロツクヘルス　S　ローゼツタ　カイト　　マークウエル　カイト　ET
0398503411　16.07.10
北海道江別市　岩田　淳一

第4部優等賞1席　YSD　キヤニオン　チヤンピオン　イレーヌ　　カルプレツトアイ　H　H　チヤンピオン　ET
1185067406　16.04.27
兵庫県南あわじ市　安田　正一

第6部優等賞1席　エクシード　アイデアル　ロイレーン　　ロイレーン　ジヨーダン　ET
1202018909　15.08.26
静岡県沼津市　野秋　勝裕

ベストアダー賞・ベストプロダクション賞

第9部優等賞1席　レスポアール　デリア　ハーゲン　ET　　レーガンクレスト　エルトン　ダーハム　ET
0812003077　13.11.18
2.1　305　2　10,171　471　4.6　3.9　9.6　11,457
北海道河東郡鹿追町　デイアドリーム　シンジケート

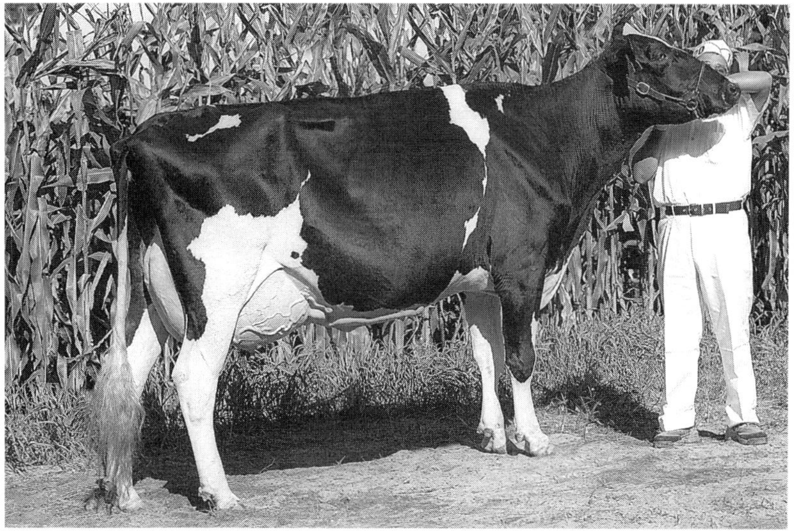

第11部優等賞1席　YMD　ユリアナ　エルトン　ブルーナ　　レーガンクレスト　エルトン　ダーハム　ET
0189004028　12.02.28
3.0　305　2　12,424　397　3.2　3.0　8.6　10,929　　**岡山県瀬戸内市　原野　末広**

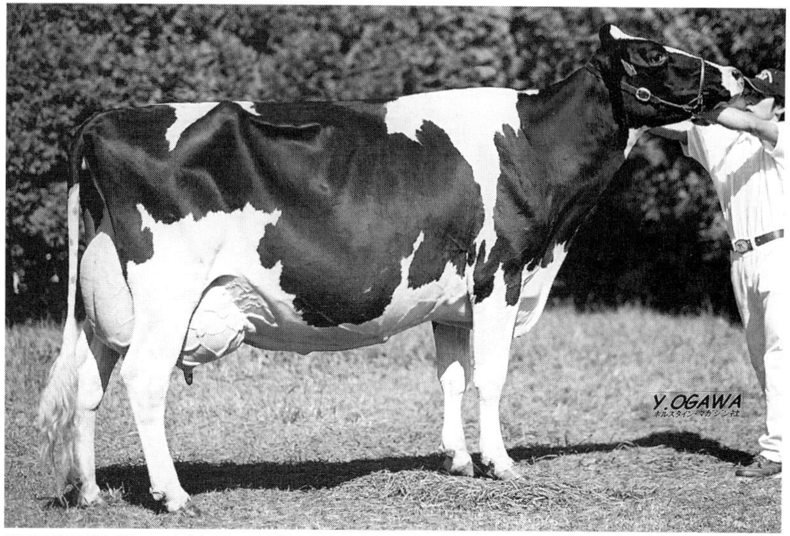

第12部優等賞1席　エツセンス　レクサス　スター　アポロ　　ラツツチ　レクサス　イーテイー
0811102764　10.04.30
4.0　305　2　11,905　485　4.1　3.0　8.4　11,624　　**北海道天塩郡豊富町　栗城　一貴**

2015（平成27）年
第14回 北海道大会

名号　　　　　　　　　　　　　　　　　　　　　　　　　　　　　父牛名号
登録番号　生年月日（平成）
検定時年齢（歳）　検定日数（日）　乳量（kg）　乳脂率（%）　乳タンパク質率（%）　SCM（kg）　**出品者　住所　氏名**

名誉賞　未経産　第1・2部

第1部優等賞1席　TLM　アジー　ビスタ　オア　ET　　トツプジーン　ゴールド　オア　ET
1412715728　26.08.20
北海道広尾郡広尾町　佐藤　孝一

最高位賞・名誉賞　ベストアダー賞　経産　第14部

第14部優等賞1席　レデイスマナー　MB　セレブリテイ　　デユドツク　ミスター　バーンズ　ET
0315008340　21.03.02
4.1　305　11,367　4.2　3.3　11,549
北海道河西郡更別村　天野　洋一

名誉賞　未経産　第3部〜第5部

第3部優等賞1席　DH　チヤンス　メイク　ET　　ジエンマーク　ストーマテイツク　サンチエス
1407910947　26.04.10
北海道北見市　山内　誠

名誉賞　ベストアダー賞　経産　第6・9部

第9部優等賞1席　クリアデール　チユンキー　マーシヤル　アイオーン　ミツドフイールド　CCM　アイオーン
1308708445　23.12.19
1.10　305　8,300　3.7　3.2　7,915
北海道稚内市　白崎　紘希

名誉賞　ベストアダー賞　経産　第12部

第12部優等賞1席　エツセンス　ゴールド　アポロ　エル　ダーハム　ET　ブレイデール　ゴールドウイン
1325008771　23.04.03
3.1　305　10,499　4.8　3.5　11,670
北海道天塩郡豊富町　栗城　一貴

名誉賞　ベストアダー賞　経産　第7・8・10・11部

第8部優等賞1席　TMF　ナデイル　アツト　アンナ　エコー　メープルダウンズアイ　G　W　アツトウツド　ET
1357216182　24.12.31
北海道上川郡清水町　㈲田中牧場

名誉賞　セカンドベストアダー賞　経産　第13部

第13部優等賞1席　KWF　サンチエリア　ダーハム　ビユー　ジエンマーク　ストーマテイツク　サンチエス
0265115297　22.03.01
4.3　286　11,366　4.0　3.4　11,286
北海道釧路市　㈱敬和ファーム

準名誉賞　未経産　第3～5部

第4部優等賞1席　TMF　ゴールド　プレシヤス　ビスタ　ET　　プレイデール　ゴールドウイン

1374317817　26.02.02

北海道北広島市　岩田　政彦

準名誉賞　経産　第7・8・10・11部

第11部優等賞1席　インフニツトデール　ダンデイー　ブラツクストーン　　レーガンクレスト　S　ブラクストン　ET

1307409824　23.12.02

2.3　305　10,937　3.2　3.1　9,816

北海道天塩郡幌延町　無量谷　稔

第2部優等賞1席　オークリーフ　MBB　ソフイア　　ジレツト　テイーウエーブ　スパークリング　ET

1446607648　26.07.24

北海道江別市　㈻酪農学園フィールド教育研究センター

第5部優等賞1席　ノースドリーム　ゴールド　レジエンド　ビスタ　ET　　プレイデール　ゴールドウイン

1454808488　26.01.23

北海道広尾郡広尾町　佐藤　孝一

ベストアダー賞

第6部優等賞1席　エルムレーン　スパイラル　ジヤネツト　ジレツト　テイーウエーブ　スパイラル　ET

1370217265　24.11.17

北海道恵庭市　㈲福屋牧場

ベストアダー賞

第7部優等賞1席　リツプランド　アメイジング　ランデイー　ミスター　アトリーズ　アルタアメイジング　ET

1397410137　25.06.30

北海道紋別郡遠軽町　山口　由幹

ベストアダー賞

第10部優等賞1席　グランデール　アストロ　ルデイー　ロイ　UFM-ダブス　ゴールドロイ　ET

1369207376　24.04.14

2.1　281　8,072　4.4　3.6　8,658

北海道北広島市　岩田　政彦

監修・執筆

西本　幸雄

執筆

高橋　　茂

小岩　政照

撮影

水口　秀啓

鈴木　中弓

大瀧　真登

小野　世起

協力

高橋　邦博

松島　喜一

松原　秀雄

高橋　直人

栗城　一憲

編田　尚弘

福屋　茂生

山内　　誠

吉田　智貴

佐藤　孝一

渡辺　雄大

尾藤　瑞菜　(酪農学園大学)

野地　真由美(酪農学園大学)

小泉　俊裕

久保田　裕己

川俣　由美子

(一社)家畜改良事業団

(一社)日本ホルスタイン登録協会

北海道ホルスタイン農業協同組合

(株)十勝畜産貿易

(学)八紘学園 北海道農業専門学校

ショーリングへの道

レジェンドたちのテクニック　　定価　本体価格2,300円＋税

初版発行　令和元年9月20日

発　行　者　　新　井　敏　孝

発　行　所　　デーリィマン社

〒060-0004　札幌市中央区北４条西13丁目

電話　011（231）5261（代　表）

011（209）1003（管理部）

FAX　011（271）5515

印　刷　所　　山藤三陽印刷株式会社

ISBN978-4-86453-065-1　C0061 ¥2300E